原汁原味
静心素食

6星级酒店主厨郑宰德亲传制作素食的精髓

〔韩〕郑宰德————————著

韩 晓 于意涵————————译

北京科学技术出版社

学做素食，了解有益身心健康的素食

2008 年冬天，当我辞职，不再担任 6 星级酒店韩餐厨师长，前往寺庙学习制作素食时，很多人都认为我疯了。其实，那时的我觉得酒店或韩定食餐馆制作的菜品过于花哨，想要以平和的心态制作朴实的菜品。因此，我带上行李，来到了大安大师所在的寺庙。我学习佛教徒的生活方式，并参加早晨的礼佛仪式。在这样的生活中，我的心灵渐渐归于平静。

当我第一次体验"钵盂供养"时，我感到那不仅是一种饮食方式，更是一种生活方式。"钵盂"是僧人们盛饭的器具；"供养"指用恭敬的心供奉，按照佛家的说法，"吃斋饭"就属于"供养"。吃饭前大师们要诵经，这不仅是在感谢所有为这顿饭付出劳动的人，还是在反省自身、修炼内心。"钵盂供养"要求平均分配食物，提倡节约，认为饮食也是修行，我从中领悟到了素食的真谛。

素食崇尚自然。素食不仅能体现原料天然的味道，还能表达制作者的心意。

在学习制作素食的过程中，我慢慢学会了依靠自己的感官来制作食物。我学会了用耳朵聆听煮食物的声音，用鼻子闻食物的香味，用眼睛观察食物的颜色，用嘴巴品尝食物的味道，用手指触摸食物的表面。每当有人称赞我制作的素食时，我都会因遇到知音而备感欣喜。

2009年，我和大安大师一起在首尔的仁寺洞开了一家名为"钵盂供养"的素食餐厅，开始推广素食。2010年，在纽约举行的"韩国素食节"上，我协助韩国的素食专家们制作了36道素食，外国美食家们禁不住连声称赞："太棒了！太神奇了！"这一场景至今让我难以忘怀。从那时起，我开始真正关注素食大众化、素食世界化。后来，在朋友的介绍下，我有幸通过美食杂志《超级菜谱》教授素食的制作方法。为了让读者真正爱上素食，我和《超级菜谱》团队成员不断探索，终于开发出方便普通家庭制作的大众化素食菜谱。正是因为欣赏我对推广素食的这份热情，《菜谱工厂》杂志社决定将这些菜谱结集出版。经过我和《超级菜谱》团队成员一年的努力，这本书终于面世了。

在编写本书的过程中，我时刻提醒自己要完全忠于大师们的教诲。在不违背大师们的教诲的前提下，我尽量选择适合普通家庭制作的菜品。对寺庙里经常使用但普通家庭很难买到的原料，我稍微替换了一下。为了将在寺庙里制作的大分量菜品转化为适合在家里制作的小分量菜品，我和《超级菜谱》团队成员认真研究了本书的所有菜谱，并一一进行了尝试。虽然我不是大师，只是一名厨师，但通过制作素食，我抛弃了对素食的偏见，明白了原汁原味的素食有益于身心健康。我想通过这本书与您进行深入交流，帮助您制作素食。希望书中介绍的素食能让您和您的家人身体健康，心灵平静。

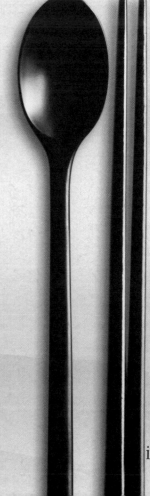

素食专家　郑宰德

目录
contents

香甜可口的

主食

原汁原味的 小菜

温热鲜美的 汤羹

种类多样的

零食和饮料

有关素食的基础知识

制作素食之前要了解经常使用的原料，还要了解它们的上市季节、营养价值、挑选方法、保存方法等。除此之外，还要掌握原料的计量方法、处理方法和切法。除了以上内容，本章还介绍了制作素食常用的调料和酱料有哪些以及如何制作蔬菜高汤等。在制作素食之前，请认真学习并掌握这些基础知识。

本书中的所有菜谱都是这样组成的

制作素食之前请参考下面的说明。

★ 制作素食时要用到糖稀和炒过的盐。糖稀可以用糖浆或低聚糖代替，炒过的盐可以用竹盐代替。由于竹盐的颗粒大小与炒过的盐不同，使用相同分量的竹盐制作的素食的咸度可能不同，你可以根据自己的口味增减竹盐的用量。

★ 如果用量较少的原料难以计量，那么请根据图片估计。

★ 有些蔬菜的口感相似，比如红椒、青椒和黄椒的口感差不多，你可以根据自己的喜好从中选择一两种。

本书中菜谱的结构如下。

❶ 菜品介绍及营养成分等

介绍了菜品的相关信息，使读者对这道菜有初步的了解。

❷ 实物图片

展示了摆盘的效果。按照图片摆盘，会使菜品更加美观，看上去更有吸引力。

❸ 原料用量及替代品

为了便于读者把握各种原料的用量，提供了原料的精确重量或估计的用量，此外还介绍了原料的替代品和可选原料。

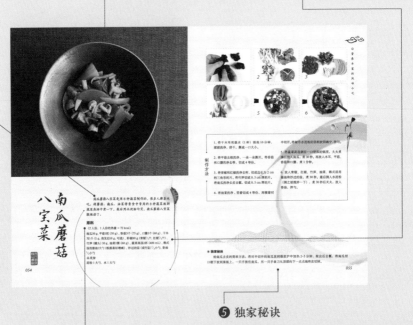

❺ 独家秘诀

介绍了用其他原料替代菜谱中的原料制作菜品的方法、制作时容易出现失误的地方、如何使菜品更可口以及如何制作不辣的调料等。这些丰富的内容增强了本书的实用性。

❹ 成品分量及热量

每道菜基本上够 2~3 人食用，此处还专门为想通过吃素食调节体重的人提供了一人份的热量以供参考。

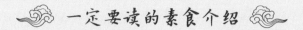

一定要读的素食介绍

● 素食是健康的饮食 ●

素食除了可以填饱肚子之外，还具有强身健体、净化心灵的作用。

素食主要用应季蔬菜来制作，以"药食同源"为原则。素食的特点就是使用许多有药效的原料，力求展现原料本身的味道。此外，素食中还隐含着"吃斋也是一种修行"的"钵盂供养"精神。

● 本书中的素食不同于一般的素食，能安抚心灵 ●

本书中的素食与一般的素食最大的差别在于制作时不使用佛家所说的"五辛"（葱、蒜、韭、薤、兴蕖），因为"五辛"味道强烈不仅会掩盖原料本身的味道，还会刺激肠胃，引起情绪波动。本书中的素食既能使身体更加健康，又能使心灵平静。

● 简单又可口的家庭素食是这样制作的 ●

我们增强了本书中的菜谱的可操作性，任何人都可以根据本书中的菜谱轻松地制作可口的素食。

第一，本书详细介绍了如何挑选、保存和处理原料，以及各种原料的营养价值，供读者参考。

第二，使用发酵而成的酱料（如大酱、辣椒酱等）和几乎不使用食品添加剂的调料（如炒过的盐、糖稀等），不使用"五辛"。

第三，本书中的素食都是深受大众喜爱、容易与其他食品搭配的。

第四，本书中的素食多使用方便购买的原料制作。对很难买到的原料，本书介绍了它们的替代品。

第五，为了发扬节约精神，书中的菜谱均注明了原料的准确用量。此外，我们采用了尽量保留原料营养成分的现代烹饪方法，这样做出的素食更加健康。

素食的常用原料

菌类： 菌类富含具有特殊鲜味的谷氨酸，营养丰富，口感筋道，在制作素食时用得比较多。

香菇（春~秋）
- 干香菇香味浓郁，水煮后味道更鲜，多用于制作蔬菜高汤。鲜香菇多用于制作炖菜。
- 建议挑选大小适中、菌盖圆整、菌褶规则、菌柄较短较粗的香菇。
- 鲜香菇用厨房纸巾包裹，装入保鲜袋，放入冰箱冷藏可保存7天。

平菇（秋~冬）
- 热量低，富含膳食纤维和蛋白质，能降低胆固醇，饱腹感强。
- 建议挑选菌盖略呈灰色、菌褶规则且略呈白色的平菇。
- 用厨房纸巾包裹，装入保鲜袋，放入冰箱冷藏可保存5天。

木耳（秋~冬）
- 黑色，像肉一样有嚼劲。市场上销售的主要是干木耳，泡发后才能使用。
- 建议挑选肉质厚、颜色深、大小适中的鲜木耳。挑选干木耳时要挑选耳瓣完整，干透的。
- 干木耳放在阴凉通风处，室温下可保存1年多。

姬菇（秋~冬）
- 外形像个头小的平菇。富含维生素和矿物质，可以降低胆固醇。
- 建议挑选菌盖表面有光泽、不带孢子（白色粉末）、根部结合紧密的姬菇。
- 用厨房纸巾包裹，装入保鲜袋，放入冰箱冷藏可保存5天。

杏鲍菇（秋~冬）
- 野生松茸的人工栽培替代品，口感筋道而有弹性，比其他蘑菇含水量小，可保存较长时间。
- 建议挑选菌柄和菌盖界限分明、肉质紧实有弹性的杏鲍菇。
- 用厨房纸巾包裹，装入保鲜袋，放入冰箱冷藏可保存2周。

金针菇（秋~冬）
- 味道清淡，有清香，口感筋道。富含膳食纤维，能降低胆固醇、预防动脉硬化。还富含矿物质、氨基酸、维生素等，能提高人体免疫力。
- 建议挑选菌盖小、菌柄长度相近、根部呈乳白色的金针菇。
- 用厨房纸巾包裹，装入保鲜袋，放入冰箱冷藏可保存7天。

口蘑（秋~冬）
- 营养丰富，蛋白质含量高。可以降低血糖、促进消化。
- 建议挑选菌盖表面无疤痕、圆整、大小适中、菌柄较粗的白色口蘑。
- 用厨房纸巾包裹，装入保鲜袋，放入冰箱冷藏可保存4天。

珍珠菇（秋~冬）
- 外形与金针菇相似。富含膳食纤维，能促进肠道蠕动、预防便秘。含有胶原蛋白，能防止皮肤老化。
- 通常整包销售，购买时要看清楚保质期。建议挑选紧致、颜色鲜亮的珍珠菇。
- 用厨房纸巾包裹，装入保鲜袋，放入冰箱冷藏可保存7天。

根茎类蔬菜： 根茎类蔬菜营养丰富，主要用于制作沙拉、炖菜、炒菜以及酱菜等。

藕（秋~冬）

- 莲的根茎，主要成分是碳水化合物，还富含维生素 C、多酚、钙元素和膳食纤维。因含有鞣酸而有涩味，有助于缓解胃炎、胃溃疡等。
- 建议挑选长而粗、断面呈白色且孔小的藕。
- 用厨房纸巾包裹，装入保鲜袋，放入冰箱冷藏可保存 7 天。

山药（秋）

- 富含膳食纤维、蛋白质、维生素 C、钙元素等营养成分，有助于缓解慢性疲劳、强身健体。含有的黏蛋白能保护胃黏膜。
- 建议挑选粗而沉、表面平整光滑、断面呈白色的山药。
- 用厨房纸巾包裹，装入保鲜袋，放入冰箱冷藏可保存 7 天。

牛蒡（冬）

- 富含维生素和膳食纤维，能促进肠道蠕动、降低胆固醇、预防动脉硬化。
- 建议挑选光滑无疤痕、无须、有韧性的牛蒡。
- 将洗干净的牛蒡切成段，装入容器，密封，放入冰箱冷藏可保存 3~5 天。

土豆（夏~秋）

- 味道清淡，含较多的蛋白质、矿物质和维生素。含有的大量淀粉能保护维生素 C，使之在蒸煮过程中不容易被破坏。
- 建议挑选表面平整光滑且无斑点、手感沉而硬实的土豆。
- 放入纸箱，置于阴凉通风处可保存 2 周。

沙参（春）

- 营养价值仅次于人参，可以润肺祛痰，可用于治疗呼吸系统疾病。
- 建议挑选表面褶皱浅、大小适中、杂根少、水灵、香味浓郁的沙参。
- 用报纸包裹，置于阴凉处可保存 1 个月。

胡萝卜（秋~冬）

- 富含维生素和矿物质。含有的 β-胡萝卜素可在人体内转化成维生素 A，还能清除人体内过剩的活性氧。
- 建议挑选呈明亮的橘黄色、表面光滑且没有黑斑的胡萝卜。
- 用厨房纸巾包裹，装入保鲜袋，放入冰箱冷藏可保存 5~7 天。

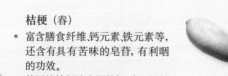

桔梗（春）

- 富含膳食纤维、钙元素、铁元素等，还含有具有苦味的皂苷，有利咽的功效。
- 韩国的桔梗比中国的细、短，根部有 2~3 个分叉，并且根须比较多。
- 将带皮的桔梗用报纸包裹，置于阴凉通风处可保存 10 天。

白萝卜（秋~冬）

- 含有的膳食纤维能清除肠道垃圾、净化血液。
- 建议挑选萝卜缨呈绿色、表面平整、手感沉、粗壮、靠近萝卜缨的部分呈绿色的白萝卜。
- 连同泥土一起用报纸包裹，置于阴凉通风处可保存 2 周。没有用完的白萝卜用保鲜膜包裹，放入冰箱冷藏可保存 7 天。

叶菜类蔬菜等: 叶菜类蔬菜富含维生素和膳食纤维,可用于制作多种菜品。

荠菜(春)
- 春季的代表性野菜,香味独特。是富含蛋白质和维生素的成碱性食物,叶片中的 β-胡萝卜素能预防眼部疾病、延缓衰老。
- 建议挑选叶片小、根小的荠菜。
- 用厨房纸巾包裹,装入保鲜袋,放入冰箱冷藏可保存 3 天。

蜂斗菜(春、秋)
- 成碱性食物,含有维生素 A 和维生素 B_1、B_2 及较多钙元素,有助于改善骨质疏松。富含膳食纤维,长期食用有助于预防便秘。
- 建议挑选叶片较小、呈深绿色、柔软、没有虫眼且叶柄细直的蜂斗菜。
- 用厨房纸巾包裹,装入保鲜袋,放入冰箱冷藏可保存 5 天。

艾蒿(春,3 月)
- 含有桉树脑等有独特香气的成分,有抑制细菌的作用。性温,特别适合女性食用。
- 建议挑选叶片小而柔软、正面呈深草绿色、背面呈银白色且茎部柔软细长的艾蒿。
- 用厨房纸巾包裹,装入保鲜袋,放入冰箱冷藏可保存 3 天。

冬葵(春~夏,5~7 月)
- 富含钾元素,有助于消除疲劳、恢复元气。含有大量钙元素和 β-胡萝卜素,有利于儿童生长发育。主要用于煮汤或制作包饭。
- 建议挑选叶片肥厚、又宽又软、呈深绿色的冬葵。
- 用厨房纸巾包裹,装入保鲜袋,放入冰箱冷藏可保存 5 天。

楤木芽(春,4~5 月)
- 被称为"野菜之王",气味清香,略苦。含有的皂苷有助于预防糖尿病,还有安神的功效。
- 建议挑选芽柔软且较粗、叶片没有展开、新鲜的楤木芽。
- 用喷雾器喷一点儿水,用厨房纸巾包裹,放入冰箱冷藏可保存 7 天。

短果茴芹(春)
- 叶片柔软,香味独特,是有代表性的成碱性食物。富含 β-胡萝卜素。富含膳食纤维,易消化,有助于预防便秘。
- 建议挑选叶片呈深草绿色、无虫眼的新鲜短果茴芹。
- 用厨房纸巾包裹,装入保鲜袋,放入冰箱冷藏可保存 3~5 天。

东风菜(春)
- 营养丰富,略苦。性温,能促进血液循环,富含 β-胡萝卜素和矿物质。
- 建议挑选叶片呈淡绿色且柔软、香气浓郁的东风菜。
- 用厨房纸巾包裹,装入保鲜袋,放入冰箱冷藏可保存 2~3 天。

菠菜(秋)
- 富含维生素 C 和铁元素。微甜,适合制作凉拌菜、沙拉及汤等。
- 建议挑选新鲜、叶片厚且呈深绿色的小棵菠菜。
- 去除表面水分,连同根一起用厨房纸巾包裹,放入冰箱冷藏可保存 3 天。

白菜（春）

- 与冬天收获的白菜相比，春天收获的白菜叶片厚、味道甜、口感脆，可用来制作泡菜。
- 建议挑选新鲜、叶片小、无虫眼、菜心呈黄色的白菜。
- 装入保鲜袋，放入冰箱冷藏可保存 3~5 天。

干萝卜缨（秋）

- 新鲜萝卜缨晾干而成的。富含维生素和矿物质，适合在容易缺乏维生素的秋天和冬天食用。
- 呈绿色的干萝卜缨是在通风好的地方晾干的，营养价值更高。购买时还要仔细看看是否有虫。
- 置于阴凉通风处可保存 3 个月。

苏子叶（夏）

- 富含钾和钙等元素，含有抗氧化物质，可以美白、延缓衰老。
- 叶片过大的苏子叶比较硬，香味也比较淡。建议挑选叶片大小适中且呈深绿色、表面绒毛分布均匀、香味浓郁的苏子叶。
- 装入容器，密封，放入冰箱冷藏可保存 3 天。

卷心菜（夏）

- 外层深绿色的叶片富含 β - 胡萝卜素，里层发白的叶片富含维生素 C。还含有抗溃疡因子，可以保护受损的胃黏膜，对胃溃疡患者有一定益处。
- 建议挑选外形匀称、手感沉、叶片包裹紧实、外层叶片呈深绿色的卷心菜。
- 将外层叶片剥掉两三片，当作保鲜膜将卷心菜包裹起来，放入冰箱冷藏可保存 7 天。

水芹、野生水芹（春）

- 主要使用茎部，制作凉拌菜时经常茎和叶一起用。可解酒以及缓解食物中毒症状。
- 建议挑选叶片呈淡绿色且有光泽、茎粗、各节之间距离短、香气浓郁的水芹。
- 用厨房纸巾包裹，装入保鲜袋，放入冰箱冷藏可保存 7 天。

黄豆芽（全年）

- 黄豆长出的嫩芽就是黄豆芽。蛋白质含量较高，比黄豆更好吃、更有营养，也更易于消化。富含维生素 C 和对肝脏有好处的天冬氨酸。
- 建议挑选芽较粗且没有霉烂、头部没有黑点的黄豆芽。
- 将没有洗过的黄豆芽放入冰箱冷藏保存，尽快食用。

蕨菜（春）

- 富含膳食纤维，可通便。钙元素的含量也较高。
- 建议挑选呈浅褐色、香气浓郁的蕨菜。
- 用厨房纸巾包裹，装入保鲜袋，放入冰箱冷藏可保存 2~3 天。

西蓝花（秋）

- 维生素 C 的含量是柠檬的两倍，可以增强免疫力及预防感冒。还富含 β - 胡萝卜素。
- 建议挑选花球呈深绿色、小而硬、中间隆起的西蓝花。
- 装入保鲜袋，放入冰箱冷藏可保存 5 天。

果实类蔬菜： 一般以果实为食材的蔬菜称为果实类蔬菜。

南瓜（秋）
- 富含 β-胡萝卜素，能延缓衰老。富含膳食纤维，有利于肠道健康，饱腹感强。
- 建议挑选比较硬、手感沉、瓜皮呈深绿色、柄周围呈嫩黄色的南瓜。
- 置于阴凉通风处可保存 15 天。

彩椒（春~夏）
- 果肉厚而软，有甜味，没有辣味。富含维生素，含有较多的钙、铁、磷等元素，可以预防骨质疏松。
- 建议挑选鲜亮、饱满、肉质略肥厚、表面有光泽的彩椒。
- 装入保鲜袋，放入冰箱冷藏可保存 5 天。

黄瓜（夏）
- 炎夏时食用可以消暑解渴。性凉，富含水分和维生素 C。香气独特，味道清爽，能清新口气。
- 建议挑选带刺、有光泽、肉质脆嫩、粗细适中、瓜蒂新鲜的黄瓜。
- 用厨房纸巾包裹，装入保鲜袋，放入冰箱冷藏可保存 7 天。

西葫芦（夏）
- 水分较多，适合夏季食用。可以切成薄片晾干。西葫芦籽含有卵磷脂，能开发智力、预防老年痴呆。
- 建议挑选呈淡绿色、有光泽、手感沉的西葫芦。
- 用厨房纸巾包裹，装入保鲜袋，放入冰箱冷藏可保存 7 天。

茄子（夏）
- 含有大量水分，是夏季的代表性蔬菜。茄子皮含有花青素，可以净化血液、预防心血管疾病。
- 建议挑选呈深紫色、有光泽、有弹性的茄子。如果柄部多刺，说明茄子籽很多，不太好吃。
- 可以先常温保存 2 天，然后用厨房纸巾包裹，放入冰箱冷藏可再保存 3 天。

尖椒（夏）
- 含有的辣椒素能促进胃液分泌、加快胃内蛋白质的分解，还有助于减肥。
- 建议挑选肉质肥厚、籽少、有弹性、有光泽的尖椒。
- 用厨房纸巾包裹，装入容器，密封，放入冰箱冷藏可保存 5 天。

豆类、坚果类、藻类等： 豆类含有较多蛋白质，坚果类含有较多不饱和脂肪酸，藻类有特殊的鲜味，使用这些原料制作的菜品营养均衡、香味独特。

黄豆（秋）

- 素食中的蛋白质和脂肪的主要来源。蛋白质含量约 40%，还含有人体不能合成的 8 种必需氨基酸。营养价值不亚于动物蛋白，并且含有有益于身体健康的不饱和脂肪酸。
- 建议挑选皮薄且呈黄色、有光泽的干净黄豆。
- 置于阴凉通风处可保存 3 个月。

银杏（秋）

- 含有较多维生素 E，有止咳化痰、平喘的功效，有利于支气管健康。一次不能吃太多，否则容易出现头痛、发热等中毒症状。
- 建议挑选干净、大小适中、带香味的银杏。
- 将干净的银杏装入容器，密封，放入冰箱冷冻可保存 15~20 天。

带壳苏子（全年）

- 苏子有带壳的和去壳的两种。将苏子炒熟并磨碎就制成了苏子粉。苏子粉也有带壳磨碎的和去壳磨碎的两种。带壳磨碎的苏子粉粉质粗糙，但香味浓郁。
- 建议挑选大小适中、呈褐色、有光泽的带壳苏子。
- 装入保鲜袋，放入冰箱冷冻可保存 2 个月。

松仁（秋）

- 富含亚油酸等不饱和脂肪酸及维生素 B，有润肺功效，可缓解支气管炎、止咳、滋润皮肤。
- 将松子置于阴凉处保存。或者装入容器，密封，放入冰箱冷冻可保存 1 个月。

栗子（秋~冬）

- 一种富含维生素 C、营养成分均衡的坚果，能增强免疫力。还富含有益于神经健康的维生素 B_1 等成分。
- 建议挑选外壳呈褐色、有光泽、坚硬的栗子。
- 装入保鲜袋，放入冰箱冷冻可保存 1 个月。

枣（全年）

- 含有皂苷、葡萄糖、果糖等多种成分，能促进血液循环，还能暖身、安神、解毒。
- 建议挑选褶皱少、皮红、果肉呈黄白色的枣。
- 置于阴凉干燥处保存。或者装入容器，密封，放入冰箱冷冻可保存 3 个月。

核桃（秋）

- 能改善记忆力、延缓衰老。
- 建议挑选分量重、外壳完整的核桃。
- 将带壳的核桃装入容器，密封，放入冰箱冷冻可保存 3 个月。核桃仁放入冰箱冷冻可保存 1 个月。

干海带（全年）

- 富含钙、镁等元素，能强健骨骼。富含膳食纤维，可促进肠道蠕动和有害物质排出。
- 建议挑选发黑、厚实、表面有光泽的干海带。
- 装入容器，密封，放入冰箱冷冻可保存 3 个月。置于阴凉通风处可保存 1 个月。

常用原料的处理方法

为了使大家尽快了解不太熟悉的原料，接下来介绍处理原料的方法。

短果茴芹、蜂斗菜、防风草

1. 去掉短果茴芹的蔫叶和茎上的粗纤维，洗净后沥干。

2. 去掉蜂斗菜的蔫叶和茎上的粗纤维，洗净后沥干。

3. 去掉防风草的蔫叶和茎上的粗纤维，洗净后沥干。

荠菜

1. 去掉蔫叶。

2. 用刀将茎上的泥土和根上的须刮净。放到盆中，加水，没过荠菜即可。轻轻揉搓，洗 2~3 次。

3. 如果根茎比较粗，可用刀将根部竖着切开，分成 2~4 等份。

楤木芽

1. 剥掉下部的外皮。
★楤木芽有刺，处理时要戴上手套。

2. 用刀背去掉茎上的刺。

3. 去掉下部较硬的部分。注意不要碰掉叶子。

冬葵

1. 去掉较硬的茎。

2. 去掉叶片表面的粗纤维，用流水冲洗叶片。

菠菜

1. 去掉蔫叶，用刀将根部切掉。

2. 放到盆中，加水，没过菠菜即可。轻轻揉搓，洗2~3次。

3. 如果是大棵菠菜，可用刀将底部竖着切开，分成4等份。

山药

1. 用流水洗净，用刮皮器去皮，再用流水洗净。
★处理时要戴上一次性手套。

2. 用擦丝器擦成丝或用料理机搅碎。
★可保留末端的皮以便抓握。

3. 也可以切成想要的形状。使用前用水浸泡，防止褐变。

桔梗

1. 洗净后用小刀去皮。
★如果买的是去皮的桔梗，这一步可省略。

2. 切成想要的大小。

3. 放到盆中，撒少许盐，用手揉搓后凉水淘洗。也可以放在加了盐的沸水中焯30秒。

沙参

1. 用小刀去皮。
★沙参有黏液，处理时最好戴上一次性手套。如果买的是去皮的沙参，这一步可省略。

2. 放到加了盐的水中浸泡10分钟左右，去除苦味。

3. 如果沙参较粗，可以先竖着对半切开，再用擀面杖敲扁或压扁。

藕

1. 用流水洗净，用刮皮器去皮。

2. 切掉两头，再切成想要的形状。

3. 使用前用加了醋的水浸泡，防止褐变。

牛蒡

1. 用刀背或刮皮器去皮，用流水洗净。

2. 切成想要的形状。

3. 使用前用加了醋的水浸泡，能防止褐变，还能去除涩味。

黄瓜

1. 用刀去掉表面的刺，用流水洗净。

2. 按所需的长度切成段，将刀竖着稍微切入表皮。

3. 用刀削掉薄薄一层皮。

南瓜

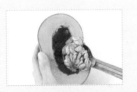

1. 带皮洗净，对半切开，用勺子去瓤。

2. 切口相对放到盘中，用微波炉专用保鲜膜覆盖后放到微波炉中，加热2~3分钟。

3. 一只手按住南瓜，另一只手拿刀削掉薄薄的一层皮。

干萝卜缨
(50g, 泡
发后 250g)

1. 用流水洗净,用温水浸泡 6 小时。

2. 放到锅中,加水(10 杯),大火煮 30~40 分钟。关火,在锅中浸泡 12~24 小时。

3. 捞出,洗 2~3 次。去掉表面的粗纤维,挤去大部分水。

干香菇、干木耳

1. 干香菇和干木耳分别用温水浸泡 20 分钟和 10 分钟。
★如果用加了少许白糖的温水浸泡,浸泡时间会因为渗透作用缩短一半。

2. 用手轻轻揉搓木耳,除去脏东西。

3. 用棉布或厨房纸巾吸去香菇表面的水,去蒂。

干东风菜
(50 g, 泡
发后250 g)

1. 用水 (10 杯) 浸泡 6 小时左右,泡发后用流水洗净。

2. 放到锅中,加水(8 杯),大火煮沸后,改为中火再煮 25 分钟。

3. 捞出,洗 2~3 次,再用水浸泡 3 分钟。用剪刀将茎部较硬的部分剪掉,挤干。

干蕨菜
(30 g, 泡
发后210 g)

1. 洗净后放到锅中,加水(5 杯),大火煮沸后,改为小火再煮 20~30 分钟。

2. 捞出,洗 2~3 次,洗净后再用水浸泡 6~12 小时以去除异味。

3. 去掉较硬的部分,挤干。

黄豆芽
（2 把，100 g）

1. 黄豆芽洗净，去掉豆壳，用流水冲干净，沥干。

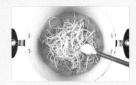

2. 放到锅中，加 1 杯水和 $\frac{1}{2}$ 小勺盐，拌匀。

3. 盖上锅盖，大火煮沸后再煮 3 分钟左右，捞出晾凉。

西蓝花

1. 切成小朵。

2. 放到加了盐的沸水中焯 1 分钟。

3. 捞出过凉水，沥干。

土豆

1. 洗净，用刮皮器去皮。

2. 切成想要的形状。

3. 用水浸泡 5~10 分钟以去除土豆中的淀粉，沥干。

西葫芦
（黄瓜、茄子、萝卜等）

1. 切成想要的形状。

2. 撒少许盐，腌 10 分钟。

3. 用厨房纸巾在表面轻轻按压，吸去表面的水。

尖椒

1. 洗净，去蒂，竖着对半切开。　2. 用勺子去籽。

海带

1. 干海带（$\frac{1}{4}$ 杯）用水（2 杯）浸泡 10 分钟。　2. 用手揉搓清洗，直到水中不再出现泡沫。

北豆腐

1. 将北豆腐用刀的侧面压碎。　2. 用湿棉布包裹，挤干。

柠檬

1. 将柠檬洗净，把小苏打或盐均匀地撒在柠檬表面，用手揉搓，静置 10 分钟。　2. 放到沸水中焯 30 秒，捞出过凉水。

制作土豆团

制作方法

1.将土豆洗净，用刮皮器去皮，再用擦丝器擦成丝或用料理机搅碎。

2.用湿棉布包裹土豆丝或土豆泥，将水挤到碗里，静置 20 分钟，待淀粉沉淀。

3.将水倒掉，将沉淀的淀粉倒在土豆丝或土豆泥上，加少许盐，揉成团。

制作豆浆

 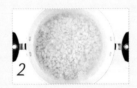 

制作方法

1.将黄豆 (1 杯) 洗净，用水 (3 杯) 浸泡 6 小时左右。

2.用手揉搓去皮，放到锅中，加水 (4 杯)，大火煮 15~20 分钟。

3.晾凉后放到料理机中，加适量水细磨，再用盐调味。

常用原料的基本切法

接下来介绍素食中常用原料的基本切法，请参考图片！

切丁
左: 较大的丁 (0.5 cm³) 。
右: 较小的丁 (0.3 cm³) 。

切条
左: 粗条 (宽 0.5 cm) 。
右: 细条 (宽 0.2~0.3 cm) 。

白萝卜或胡萝卜切条
将白萝卜或胡萝卜先切成片，然后按想要的宽度切成条。

斜切
将原料斜着切成厚约 0.3 cm 的片。

切圈
将原料切成厚约 0.3 cm 的圈。

切片
将原料切成厚约 0.3 cm 的片。

切块
将原料切成厚 2~2.5 cm 的片，再切成边长 2~2.5 cm 的块。

切成半圆
将原料竖着对半切开，再按想要的厚度切片。

按想要的厚度切片
将原料切成想要的厚度的片。

对半切开
上: 竖切。
下: 横切。

保持原来的形状切片
保持原料原来的形状竖着将原料切片。

切成扇形 (银杏叶形)
横切一刀，再竖切一刀，然后按想要的厚度切片。

素食的常用调料

素食注重体现原料的天然味道，所以使用的调料不多，以酱油、辣椒酱、大酱等调料为主，适当添加醋、盐、糖浆、柚子酵素汁等调料。

★ 本书介绍的调料都是从市场上购买的，如果使用的是自制酱油、大酱和辣椒酱等，要视情况增减用量。

★ 炒过的盐可以用竹盐代替，可以根据口味增减用量。糖稀可以用糖浆或低聚糖代替。

辣椒面
可以改变菜品的味道和颜色，常与酱油、醋等混合制成调料。和酱油一样，在制作腌菜时具有防腐的作用。

炒过的盐或竹盐
炒过的盐是将日晒盐在 400 ℃的高温下炒制而成的盐。竹盐是将日晒盐放到竹筒中，用高温煅烧 9 次制成的盐。

酱油
一种香味独特的液体调料，可改变菜品颜色，使味道更加鲜美。分为韩式汤用酱油和生抽。

糖稀
富含矿物质，含糖量相对较低，有光泽。能使菜品味道更有层次，能激发出食物的香味。

大酱
素食中蛋白质的来源之一。在大酱的发酵过程中，氨基酸、糖分、有机酸等物质的含量增加，产生了甜味和鲜味。主要用于制作汤、炖菜、包饭或凉拌菜。

辣椒酱
在糯米粉、大麦饭或面粉中放辣椒面、酱坯、盐和糖稀后发酵而成。味道独特，既有辣味、鲜味，也有甜味。

苏子粉
将苏子炒熟后均匀研磨而成。富含亚麻酸和其他不饱和脂肪酸，主要用于制作凉拌菜、汤、羹、蒸菜。如果将带壳苏子直接磨成粉，香味更浓。

香油
将芝麻炒熟后榨出的油，是制作素食的一种重要的调味油。香味浓郁，但加热时容易挥发，所以一般在最后的步骤中添加。

苏子油
将苏子炒熟后榨出的油。香味独特，可以涂抹在紫菜上或在制作凉拌菜时使用。因为不饱和脂肪酸含量高，所以很容易变质，需要装入容器，密封，放入冰箱冷藏保存。

醋
可以为素食增加酸味，具有较强的杀菌能力，能延长食物的保质期。可以抑制引起蔬菜褐变的酶的活性，还可以中和盐的咸味。

炒白芝麻
即炒熟的白芝麻。具有特有的香味，主要用于制作炖菜、凉拌菜等。将炒白芝麻稍微研磨并放入少许盐，就制成了芝麻盐。

柚子酵素汁和青梅酵素汁
酵素汁是将水果的籽或核去掉，用果肉和白糖发酵而成的液体，可以做饮料，也可以做调料。本书中使用的多为柚子酵素汁和青梅酵素汁。

素食的常用自制酱料

制作素食时使用的酱料一般都是不刺激的、清淡爽口的。接下来为大家介绍我常用的自制酱料，它们能凸显食物的味道，在素食制作中是不可或缺的。

柚子芝麻调味酱
★第32页

适合搭配有苦味的菜。
● 由 3¹⁄₂ 大勺白糖、1 大勺炒白芝麻、4 大勺苏子粉、4¹⁄₂ 大勺醋、1 大勺柚子酵素汁和 1 小勺炒过的盐（或竹盐）混合而成。

蔬菜沙拉酱
★第30页

清淡、味道香。
● 将 45 g 北豆腐、1¹⁄₂ 大勺（15 g）花生仁、25 g 西芹、2¹⁄₂ 大勺豆油、¹⁄₂ 大勺橄榄油和 ¹⁄₄ ~ ¹⁄₂ 小勺炒过的盐（或竹盐）用料理机搅打成糊状。

芥末梨酱
★第28、42、65页

微酸辣，适合作为沙拉酱与根茎类蔬菜等搭配。
● 将 80 g 梨、1 大勺白糖、2 大勺醋、3 大勺柠檬汁、¹⁄₂ 小勺炒过的盐（或竹盐）和 1 小勺芥末用料理机搅打成糊状。

酸奶沙拉酱
★第35页

清爽微甜。
● 由 1 盒（85 g）原味酸奶和 2¹⁄₂ 大勺（40 g）蔬菜沙拉酱混合而成。

韩式汤用酱油拌饭酱
★第108、113页

适合搭配用叶菜类蔬菜等制作的营养饭。
● 由 1 大勺白糖、2 大勺韩式汤用酱油、2 大勺水、1 大勺香油和 1 小勺炒白芝麻混合而成。

酱油拌饭酱
★第109、114页

适合搭配清淡的营养饭。
● 由 ¹⁄₂ 大勺白糖、1 大勺生抽、1 大勺水、¹⁄₂ 大勺香油、1 小勺炒白芝麻和 ¹⁄₂ 小勺辣椒面（可选）混合而成。

煎饼调味汁
★第185、187、189页

适合搭配所有的煎饼，可以根据个人口味放入辣椒面、剁碎的尖椒等。
● 由 1 大勺醋、1 大勺生抽、1 大勺水和 1 小勺白糖混合而成。

青梅辣椒酱
★第38页

有淡淡的青梅香和辣味，适合制作沙拉、菌类凉拌菜等及搭配寿司。
● 由 2 大勺白糖、2 大勺醋、1 大勺青梅酵素汁和 2 大勺辣椒酱混合而成。

柚子大酱调味酱
★第26、43、48页

有清爽的柚子香，适合搭配煎炸食品。
● 由 30 g 梨（擦成丝）、3 大勺醋、3¹⁄₂ 大勺柚子酵素汁、3 大勺大酱和少许炒过的盐（或竹盐）混合而成。

柿子酱
★第40页

有柿子的香味，可以做沙拉酱。
● 由 1 个（140 g）熟柿子（压碎过筛）、1 大勺醋和 2 小勺蜂蜜混合而成。

坚果饭团酱
★第124页

内含坚果碎，口感香脆，适合搭配包饭。
● 由 1 大勺大酱、1 小勺坚果碎、1 小勺辣椒酱和 ¹⁄₂ 小勺苏子油混合而成。

蘑菇调味酱
★第126页

清淡，有香气。
● 将锅烧热，倒入 ¹⁄₂ 小勺食用油，放入 30 g 杏鲍菇丁（或香菇丁，或平菇丁）、20 g 西葫芦丁、20 g 土豆丁、剁碎的青尖椒和红尖椒（各 ¹⁄₂ 个），中火炒 1 分 30 秒，加入 ¹⁄₂ 杯水、5 大勺大酱，再炒 4 分钟。

蔬菜高汤的制作方法

海带和香菇富含谷氨酸，谷氨酸的鲜味被广泛认为是第五种基本味觉。用海带和香菇制作蔬菜高汤，再将它们捞出，与汤分别冷冻保存在冰箱里，可用于制作多种菜品。

蔬菜高汤的制作方法

蔬菜高汤的分量不同，香菇和海带的用量也不同，但是制作的步骤相同。

成品分量及原料用量

$^1/_2$ 杯 (100 mL)
- [ ] 水 $1^1/_2$ 杯(300 mL)
- [ ] 干香菇 2 个
- [ ] 海带 1 片(5 cm×5 cm)

2 杯 (400 mL)
- [ ] 水 3 杯 (600 mL)
- [ ] 干香菇 2 个
- [ ] 海带 1 片(5 cm×5 cm)

1 杯 (200 mL)
- [ ] 水 2 杯 (400 mL)
- [ ] 干香菇 2 个
- [ ] 海带 1 片(5 cm×5 cm)

6 杯 (1.2 L)
- [ ] 水 7 杯 (1.4 L)
- [ ] 干香菇 3 个
- [ ] 海带 2~3 片
      (5 cm×5 cm)

制作过程

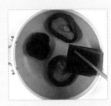

1. 干香菇泡发并洗净，和海带一起放到锅中，加水，大火煮沸后捞出海带。

2. 改为小火，煮 10 分钟后捞出香菇。

★ 在步骤 2 中，蔬菜高汤煮 10 分钟其分量会减少 200 mL，所以制作蔬菜高汤加的水的分量要比成品的分量多 1 杯(200 mL)。如果煮的时间有点儿长，成品的分量不够，再加入适量的自来水（或矿泉水）即可。

★ 烹饪时，$^1/_2$ 杯以下的蔬菜高汤可以用自来水（或矿泉水）代替。

保存蔬菜高汤和捞出来的海带、香菇

1. 蔬菜高汤的冷藏保存：将蔬菜高汤装入容器，密封，放入冰箱冷藏可保存 7 天。

2. 蔬菜高汤的冷冻保存：将蔬菜高汤装入保鲜袋，放入冰箱冷冻可保存 1 个月（要在保鲜袋上标明冷冻的日期）。使用前需要在常温下解冻 1~2 小时。

3. 香菇和海带的保存：将香菇切成 0.5 cm 厚的片，将海带切成 0.5 cm 宽的条，用保鲜袋或保鲜膜包裹，放入冰箱冷冻可保存 7 天（要标明冷冻的日期）。使用前在常温下解冻 30 分钟。

制作营养饭和煮粥的其他方法

书中介绍的所有营养饭都是用炖锅制作的，也可以用电饭锅、砂锅和电压力锅制作。如果觉得用生米煮粥比较麻烦，还可以用糙米饭代替生米煮粥，只是需要按照下面的说明调整蔬菜高汤的用量和煮的时间。

用其他锅代替炖锅制作营养饭

淘、泡大米

1. 淘大米时如果使劲揉搓会使营养成分流失。用手轻轻地揉搓，快速淘 3 遍。淘第一遍时要快速冲洗，以便去掉米糠。
2. 将大米用水浸泡 0.5~1 小时，充分吸水后捞出沥干。
   ★如果还有糙米或其他谷物，要按照菜谱要求的时间浸泡。
3. 按照菜谱的要求处理原料。

使用电饭锅

1. 将淘好泡过的大米及与之等量（等体积）的水放到电饭锅中，盖上锅盖，按下"开始"按钮。
2. 电饭锅计时结束后，再焖 5 分钟。
   ★如果菜谱要求关火后放入其他原料再焖 5 分钟，那么要在电饭锅计时结束后加入原料再焖 5 分钟。

使用砂锅

使用砂锅制作营养饭的方法与使用炖锅的方法相同。

使用电压力锅

1. 将泡过的大米及与之等量的水放到电压力锅中，盖上锅盖，按下"开始"按钮。
2. 限压阀弹起、排气阀冒气并发出"哧哧"声后，再煮 8 分钟。焖到排气阀不再冒气为止。
   ★如果需要关火后放入其他原料，那么要等压力锅排完气再放入原料。将原料与营养饭拌匀，再盖上锅盖焖 5 分钟。

用糙米饭代替生米煮粥

荠菜粥　第 140 页

将 150 g 糙米饭用料理机磨至原体积的 $\frac{1}{3}$。省略步骤 1、4，其余步骤相同。

艾蒿粥　第 142 页

省略步骤 1 中浸泡糙米的环节，将 240 g 糙米饭用料理机磨至原体积的 $\frac{1}{3}$。将蔬菜高汤减为 4 杯，在步骤 3 中改为用小火煮 15 分钟。其余步骤相同。

辣白菜粥　第 142 页

用 240 g 糙米饭代替大米。将蔬菜高汤减为 $4\frac{1}{2}$ 杯，其余的原料相同。省略步骤 2，在步骤 3 中改为用小火煮 15 分钟。其余步骤相同。

栗子粥　第 144 页

将 150 g 糙米饭、1 杯蔬菜高汤和煮过的栗子仁放到料理机中，搅打成较黏稠的混合物，再将混合物放到锅中，加入 $1\frac{1}{2}$ 杯蔬菜高汤，大火煮沸后改为小火煮 5 分钟，最后用炒过的盐调味。

豆浆粥　第 146 页

将 300 g 糙米饭用料理机磨至原体积的 $\frac{1}{3}$。将糙米饭和 2 杯豆浆放到锅中，大火煮沸后改为小火煮 6 分钟，最后用炒过的盐调味。

红薯粥　第 146 页

省略步骤 1，在步骤 2 中用 150 g 糙米饭代替糙米，将水量增加到 1 杯。在步骤 3 中将水量减为 $1\frac{1}{2}$ 杯，小火煮 5 分钟。其余步骤相同。

○ 有关素食的基础知识

原料的计量方法

为了使味道始终如一，需要采用正确的方法计量原料，并准确控制时间。下面介绍如何用计量工具计量原料，以及没有计量工具时的计量方法和调节火力的方法。

·用计量工具计量原料
★1大勺相当于15 mL，1小勺相当于5 mL，1量杯相当于200 mL。

酱油、醋、料酒等液体调料
用量杯或量勺计量液体调料时，需要将其放平，不能使液体溢出。

白糖、盐等粉末状调料
盛满后刮掉高于计量工具边沿的部分，使调料与计量工具边沿持平。计量时，不要用力按压调料。

大酱、辣椒酱等半固态调料
盛满后刮掉高于计量工具边沿的部分，使调料与计量工具边沿持平。

黄豆、坚果等颗粒状原料
盛满后用手按压原料，刮掉高于计量工具边沿的部分，使原料与计量工具边沿持平。

★一杯面粉比一杯辣椒酱轻，不能把体积相同等同于重量相同。

·没有计量工具时的计量方法

用纸杯代替量杯
量杯的容量和200 mL的纸杯的容量相当，可以用纸杯代替量杯。

用饭匙代替量勺
1饭匙的容量为10~12 mL，比1大勺的容量略小，计量原料时要多盛点儿。
★饭匙大小各不相同，容易产生误差，因此要尽量使用标准的计量工具。

·调节火力
★炉子的火力大小各不相同，可以通过调整火焰与锅底之间的距离来调节火力。

中火　　　　中大火

约1 cm　　　约0.5 cm

热锅
中火将锅烧热，手靠近锅底时感觉温热即可。如果有特殊情况，菜谱中有特殊的说明。

小火
火焰距离锅底约1 cm。

中火
火焰距离锅底约0.5 cm。

大火
火焰能够接触锅底。

称量原料的重量时使用秤比较准确，没有秤的时候可以参考下面的计量方法。

盐少许（少于 $\frac{1}{5}$ 小勺）

胡椒粉少许（调料瓶
轻轻地倒两次的分量）

龙须面或意大利面1把
（80 g）

粉条1把（100 g）

水芹1把（60 g）

蜂斗菜或冬葵1把
（100 g）

短果茴芹1把（100 g）

东风菜1把（50 g）

菠菜1把（50 g）

荠菜1把（50 g）

艾蒿1把（50 g）

防风菜1把（20 g）

小叶蔬菜1把（20 g）

黄豆芽（或绿豆芽）1
把（50 g）

蕨菜1杯（60 g）

平菇1把（50 g）

西蓝花1个（200 g）

米条1杯，18根（130 g）

核桃仁1杯（70 g）

干海带1把（4g）

营养丰富的风味小吃

你可以用各种蔬菜制作好吃又营养丰富的风味小吃，比如各种各样的沙拉、温暖肠胃的饺子、不油腻的煎炸食品等。这些风味小吃好吃又好看，适合宴客。

叶菜类蔬菜沙拉

在叶菜类蔬菜中放入用梨、大酱和清新的柚子酵素汁等制作的柚子大酱调味酱，叶菜类蔬菜沙拉就做好了，它的味道十分特别。

原料

（2~3 人份，1 人份的热量 = 82 kcal [①]）

紫甘蓝1片（手掌大小，30 g）、结球莴苣 $\frac{1}{3}$ 个（150 g）、红椒10 g、黄椒10 g、西芹1根（20 cm，30 g）、黄瓜30 g

柚子大酱调味酱

梨 30 g、醋 3 大勺、柚子酵素汁 $3\frac{1}{2}$ 大勺、大酱 3 大勺、炒过的盐（或竹盐）少许

① 1 kcal ≈ 4.2 kJ。

制作方法

1. 将制作柚子大酱调味酱的原料用料理机搅打成糊状。

2. 将紫甘蓝洗净，切成细丝，用水浸泡5分钟后捞出沥干。

3. 将结球莴苣一片片地用流水洗净，撕成一口大小，沥干。

4. 将红椒和黄椒洗净，切成5 cm长、0.5 cm宽的条。用刮皮器刮去西芹表面的粗纤维，切成5 cm长、0.5 cm宽的条。

5. 将黄瓜洗净，用刀去掉表面的刺，切成5 cm长、0.5 cm宽的条。

6. 将紫甘蓝、结球莴苣、红椒、黄椒、西芹和黄瓜放到盘中，倒入柚子大酱调味酱，拌匀。

＊ **独家秘诀**

制作叶菜类蔬菜沙拉时，可以用卷心菜代替紫甘蓝，卷心菜的分量与紫甘蓝相同。

蔬菜沙拉 根茎类

根茎类蔬菜含有大量糖分，能为身体提供能量。往味道较淡、口感较脆的根茎类蔬菜中放甜辣的芥末梨酱，做出的沙拉会很好吃。

原料

（2~3 人份，1 人份的热量 = 70 kcal）

沙参2根（40 g）、西芹1根（30 g）、红薯$1/3$个（70 g）、雪莲果$1/3$个（70 g）、白萝卜段（30 g，或球茎甘蓝30 g）、胡萝卜$1/6$个（30 g）、甜菜（20 g）、盐1小勺（浸泡沙参用）

芥末梨酱

梨 80 g、白糖 1 大勺、醋 2 大勺、柠檬汁 3 大勺、炒过的盐（或竹盐）$1/2$ 小勺、芥末 1 小勺

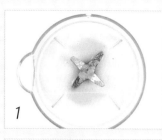  

制作方法

1. 将制作芥末梨酱的原料用料理机搅打成糊状。

2. 将沙参用流水洗净，擦干后用小刀去皮。
★沙参有黏液，处理时最好戴上一次性手套。

3. 将沙参用加了盐的水（2杯）浸泡10分钟，去掉苦味，用擀面杖敲扁或压扁，然后切成细长条。

4. 用刮皮器刮去西芹表面的粗纤维，将红薯、雪莲果、白萝卜、胡萝卜和甜菜洗净去皮，全部切成5 cm长、0.5 cm宽的条。

5. 将红薯、雪莲果、白萝卜和胡萝卜一起用水浸泡5分钟，捞出沥干。将甜菜单独用水浸泡5分钟，捞出沥干。

6. 将沙参、西芹、红薯、雪莲果、白萝卜、胡萝卜和甜菜放到盆中，倒入芥末梨酱，拌匀。

＊ 独家秘诀

你可以使用本书介绍的8种根茎类蔬菜制作沙拉，也可以根据自己的喜好选择其他蔬菜，总量在250 g左右即可。例如，将球茎甘蓝、桔梗和芜菁切成条，再将土豆切成条并在沸水中焯15秒，最后将它们放在一起，倒入芥末梨酱，这样做出的沙拉也很好吃。

小土豆沙拉

小土豆味道清淡，蔬菜沙拉酱鲜而不腻。往蔬菜沙拉酱中加少量坚果碎的话，沙拉的口感会更好。

原料

（2~3 人份，1 人份的热量 = 151 kcal）

小土豆 11 个（400 g）、盐 $^1/_2$ 小勺（煮土豆用）

蔬菜沙拉酱

北豆腐 1 块（45 g）、花生仁（或杏仁、腰果）$1^1/_2$ 大勺（15 g）、西芹 1 根（15 cm，25 g）、豆油 $2^1/_2$ 大勺、橄榄油 $^1/_2$ 大勺、炒过的盐（或竹盐）$^1/_4 \sim ^1/_2$ 小勺

制作方法

1. 将小土豆洗净，每个切成 4 等份。

2. 将小土豆放到锅中，倒入加了盐的水(2 杯)，大火煮沸后再煮 12 分钟，捞出沥干。

3. 用刮皮器刮去西芹表面的粗纤维，再将西芹切成 3 cm 长的段。

4. 将制作蔬菜沙拉酱的原料用料理机搅打成糊状。

5. 将小土豆和蔬菜沙拉酱放到盆中，拌匀。

＊独家秘诀

蔬菜沙拉酱最好现做现吃。若有剩余的蔬菜沙拉酱，可装入容器，密封，放入冰箱冷藏可保存 3~4 天。

桔梗沙拉

略苦的桔梗中放了用炒白芝麻和酸甜的柚子酵素汁等制成的酱料，即使是讨厌吃桔梗的孩子也会喜欢吃这道开胃的桔梗沙拉。

原料

（2~3 人份，1 人份的热量 = 149 kcal）
生菜叶1片（手掌大小，30 g）、结球莴苣$\frac{1}{4}$棵（100 g）、桔梗4棵（60 g）、土豆$\frac{1}{3}$个（70 g）、圣女果5个、盐$\frac{1}{4}$小勺（焯桔梗用）

柚子芝麻调味酱
白糖$3\frac{1}{2}$大勺、炒白芝麻1大勺、苏子粉4大勺、醋$4\frac{1}{2}$大勺、柚子酵素汁1大勺、炒过的盐（或竹盐）1小勺

制作方法

1. 将生菜叶和结球莴苣一片片地用流水洗净，撕成一口大小，沥干。

2. 将桔梗用流水洗净，去根，用小刀去皮，切成 5 cm 长、0.5 cm 宽的条。

3. 将土豆洗净，用刮皮器去皮，切成 1 cm 厚的片，再切成 1 cm 宽的条。将圣女果洗净去蒂，对半切开。

4. 将桔梗放到加了盐的沸水（5 杯）中焯 30 秒，捞出过凉水，沥干。放入土豆焯 3 分钟，捞出过凉水，沥干。

5. 将制作柚子芝麻调味酱的原料放到碗中，拌匀。

★可以将桔梗较细的根剁碎，放到柚子芝麻调味酱里。

6. 将生菜叶、结球莴苣、桔梗、土豆和圣女果放到盆中，倒入柚子芝麻调味酱，拌匀。

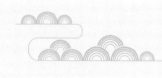

✳ 独家秘诀

韩国的桔梗较短、较细，根部有 2~3 个分叉，根须比较多。中国的桔梗较粗、较长，根部有 1~2 个笔直的分叉，基本不带泥土。如果购买去皮的桔梗，要买比较直的、香味浓烈的。

脆柿沙拉

在香甜爽脆的脆柿中加酸甜可口的酸奶沙拉酱，做出的脆柿沙拉非常好吃。酸奶沙拉酱可以中和柿子的涩味。

蘑菇豆腐沙拉

在柔软、营养丰富的南豆腐中加蘑菇制成的沙拉适合老人和小孩食用。

脆柿沙拉

原料

（2~3 人份，1 人份的热量 = 162 kcal）

脆柿2个（300 g）、红椒$\frac{1}{2}$个（100 g）、黄椒$\frac{1}{2}$个（100 g）、黄瓜$\frac{1}{4}$根（50 g）

酸奶沙拉酱

原味酸奶 1 盒（85 g）、蔬菜沙拉酱 $2\frac{1}{2}$ 大勺（40 g）

制作方法

1. 将红椒和黄椒洗净，切成边长 3 cm 的三角形的片。将脆柿去皮后对半切开，去核，切片。
2. 将制作酸奶沙拉酱的原料放到碗中，拌匀。将黄瓜洗净，用刀去掉表面的刺，竖着对半切开，再切成边长 3 cm 的三角形的块。
3. 将脆柿、红椒、黄椒、黄瓜和酸奶沙拉酱放到盆中，拌匀。

蘑菇豆腐沙拉

原料

（2~3 人份，1 人份的热量 = 126 kcal）

蘑菇（香菇、口蘑、杏鲍菇、平菇等）150 g、南豆腐1块（400 g）、苏子油1小勺、小叶蔬菜少许（装饰用，可选）

盐水

水 5 大勺、盐 $\frac{1}{4}$ 小勺

柠檬酱油汁

白糖 $1\frac{1}{3}$ 大勺、醋 2 大勺、柠檬汁 1 大勺、生抽 4 大勺、辣椒面 2 小勺

制作方法

1. 将制作盐水的原料和制作柠檬酱油汁的原料分别放到两只碗中，拌匀。
2. 将蘑菇洗净，去根或去蒂，切成 0.5 cm 厚的片。将南豆腐片成 2 块，每块切成 4 等份。
3. 将锅烧热，倒入苏子油，放入蘑菇，淋上盐水，大火炒 30 秒。将炒好的蘑菇倒在南豆腐上，放入柠檬酱油汁，并用小叶蔬菜装饰。

蘑菇黄豆芽沙拉

　　蘑菇和黄豆芽用水焯一下，倒入青梅酱油汁，爽口的蘑菇黄豆芽沙拉就做好了。青梅酱油汁冷藏一天后再用，味道更鲜美。

原料

（2~3 人份，1 人份的热量 = 95 kcal）

干香菇2个、杏鲍菇1个（80 g）、口蘑2个（40 g）、干木耳3个（3 g，泡发后30 g）、水芹15根（30 g）、盐$\frac{1}{2}$小勺（焯蔬菜用）、黄豆芽$2\frac{1}{2}$把（120 g）、盐$\frac{1}{2}$小勺（煮黄豆芽用）、香油少许、炒过的盐（或竹盐）少许

香菇调料

白糖$\frac{1}{4}$小勺、生抽$\frac{1}{2}$小勺、糖稀（或糖浆、低聚糖）$\frac{1}{4}$小勺、香油少许

青梅酱油汁

白糖3大勺、醋4大勺、生抽2大勺、青梅酵素汁1大勺、梨（擦成丝，或用矿泉水代替）2大勺（20 g）、芥末1小勺

1

2

3

4

5

6

7

制作方法

1. 将干香菇和干木耳用温水（$1\frac{1}{2}$ 杯热水 + $1\frac{1}{2}$ 杯凉水）浸泡 20 分钟左右。将香菇挤干，去蒂，切成 0.5 cm 厚的片。将制作香菇调料的原料搅匀，均匀地倒在香菇上。将木耳撕成一口大小。

2. 将制作青梅酱油汁的原料放到碗中，拌匀。将杏鲍菇和口蘑洗净，切成 0.5 cm 厚的片。去掉水芹的叶子，将水芹洗净，切成 5 cm 长的段。将处理好的蔬菜全部放在一起，拌匀。

3. 将黄豆芽洗净后放到锅中，倒入加了盐的水（1 杯），大火煮 3 分 30 秒，过凉水，捞出沥干。

4. 将杏鲍菇、口蘑和木耳放到加了盐的沸水（5 杯）中焯 30 秒左右，捞出沥干。放入水芹焯 30 秒，捞出过凉水，挤干。

5. 将锅烧热，放入香菇，中火炒 3 分钟。

6. 将木耳、杏鲍菇、口蘑、水芹、炒过的盐和香油放到盆中，用手轻轻拌匀。

7. 放入香菇和黄豆芽，倒入青梅酱油汁，再次拌匀。

水芹牛蒡沙拉

沙拉

水芹香味独特，是富含矿物质的成碱性食物；牛蒡口感爽脆，富含膳食纤维和维生素。用水芹和牛蒡再加上酸辣可口的青梅辣椒酱可以做出一道非常好吃的开胃沙拉。

原料

（2~3人份，1人份的热量 = 139 kcal）

牛蒡1段（150 g）、干香菇3个、野生水芹$\frac{1}{2}$把（30 g）、红椒15 g、黄椒15 g、糯米粉3大勺、食用油2杯（400 mL）、醋少许（浸泡牛蒡用）、香油少许、炒过的盐（或竹盐）少许

香菇调料

白糖$\frac{1}{4}$小勺、生抽$\frac{1}{2}$小勺、糖稀（或糖浆、低聚糖）$\frac{1}{4}$小勺、香油少许

青梅辣椒酱

白糖2大勺、醋2大勺、青梅酵素汁1大勺、辣椒酱2大勺

 1

 2

 3

 4

 5

 6

制作方法

1. 将制作青梅辣椒酱的原料放到碗中，拌匀。

2. 将干香菇用温水（1 杯热水 + 1 杯凉水）浸泡 20 分钟，挤干，去蒂，切成 0.5 cm 厚的片，放入制作香菇调料的原料，用手轻轻拌匀。

3. 将红椒、黄椒洗净，切成 0.5 cm 宽的条。去掉野生水芹的蔫叶，将野生水芹用流水洗净后切成 5 cm 长的段。将牛蒡用刀背去皮，洗净，切成 5 cm 长的薄片，用加了醋的水浸泡 5 分钟。

4. 将牛蒡、炒过的盐和香油放到盆中，用手轻轻拌匀，放入糯米粉，使牛蒡均匀地裹上糯米粉。

5. 将食用油倒在锅里，烧至 180 ℃（即放入牛蒡时会产生很多小气泡），放入牛蒡，炸 3 分钟后捞出，用厨房纸巾吸去表面的油。

6. 将牛蒡、香菇、野生水芹、红椒和黄椒放到盆中，倒入青梅辣椒酱，拌匀。

✳ **独家秘诀**

如果想制作不太辣的青梅辣椒酱，可以将辣椒酱的量减为 $1/2$ 大勺。

莲花五折板

招待贵客的时候我一定会做莲花五折板。莲花五折板是由莲花九折板演变而来的，便于在家制作。饼上放着各种原料，搭配泡过的藕和松仁，非常好吃。

原料

（2~3 人份，1 人份的热量 = 143 kcal）

莲花1朵、藕1段（20 g）、黄瓜10 g、栗子仁1个（10 g，或红薯10 g）、甜菜10 g、红椒20 g、黄椒20 g、松仁½大勺、食用油1小勺

制作饼的原料（可制作 8 张直径为 6 cm 的饼）

面粉 4 大勺、水 4 大勺、炒过的盐（或竹盐）少许

泡藕的原料

白糖 1 大勺、水 1 大勺、醋 2 大勺、炒过的盐（或竹盐）⅓ 小勺、甜菜少许

柿子酱

熟柿子1个（140 g，压碎过筛后110 g）、醋1大勺、蜂蜜2小勺

制作方法

1. 将泡藕的原料放到碗中，拌匀，制成料汁。将藕用流水洗净，用刮皮器去皮，切成薄片后放到料汁中，泡 10 分钟。

2. 将柿子去皮，压碎过筛，放入制作柿子酱的其他原料，拌匀。

★如果使用冷冻过的熟柿子，就要先将柿子放在室温下解冻。

3. 将黄瓜、甜菜、红椒和黄椒切成 2 cm 长的细丝。将栗子仁切成 2 cm 长的条。

4. 将制作饼的原料放到盆中，拌匀，过筛。将松仁放到厨房纸巾上，碾碎。

★搅拌面糊的时间越长，饼就越筋道。

5. 将锅烧热，倒入食用油，转一圈，使锅里均匀地沾满油，用厨房纸巾吸去多余的油，放入 1 大勺面糊，用勺背轻轻推开，摊成薄饼。小火煎 30 秒，饼边卷起来后，翻过来再煎 10 秒。用同样的方法再做 7 张饼。

6. 将莲花展开放到盘中，在花瓣上分别放黄瓜、栗子仁、甜菜、红椒和黄椒。将藕和饼放在另一个盘子里，撒上松仁。吃的时候，摘下一片莲花花瓣，将黄瓜等放在花瓣上，再将花瓣放在饼上，将饼卷起来，蘸柿子酱。

土豆春卷

压成泥的土豆用春卷皮卷起来，这样做出的土豆春卷味道清淡，口感绵软，可以搭配清爽的芥末梨酱食用。你还可以根据喜好选择应季蔬菜制作其他口味的春卷。

原料

（3~4 人份，1 人份的热量 = 174 kcal）

春卷皮12张（直径15.5 cm）、土豆2个（400 g）、卷心菜叶1片（手掌大小，30 g）、红椒$^1/_4$个（50 g）、黄椒$^1/_4$个（50 g）、金针菇20 g、炒过的盐（或竹盐）$^1/_4$小勺、香油1小勺、盐1小勺（煮土豆用）

芥末梨酱

梨80 g、白糖1大勺、醋2大勺、柠檬汁3大勺、炒过的盐（或竹盐）$^1/_2$小勺、芥末1小勺

1

2

3

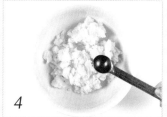

4

5

6

制作方法

1. 将土豆洗净，用刮皮器去皮，切块，放到锅中，加水，没过土豆即可。加盐，大火煮15分钟，捞出晾凉。

2. 将制作芥末梨酱的原料用料理机搅打成糊状。

3. 将卷心菜叶、红椒和黄椒洗净，切成6 cm长、0.5 cm宽的条。将金针菇去根，撕开。将上述原料都分成12等份。

4. 将土豆用勺子压成泥，放入炒过的盐和香油，拌匀后分成12等份。

5. 将春卷皮用温水（3杯热水 + 1$\frac{1}{2}$杯凉水）浸泡10秒后捞出。

6. 将卷心菜叶、红椒、黄椒、金针菇和土豆各取一份放到一张春卷皮上。将春卷皮的底部向上折，两侧向内折，从下往上慢慢卷起来。用同样的方法再制作11个春卷，装盘，搭配芥末梨酱食用。

* 独家秘诀

可以用香菇代替土豆制作春卷。将焯过的香菇切成0.5 cm厚的片，用春卷皮卷起来，这样做出的春卷也很好吃。还可以搭配柚子大酱调味酱（做法参考第19页）食用。

干春卷皮不容易变质，可以保存较长时间。将干春卷皮装入容器，密封，置于阴凉处或放入冰箱冷冻即可。

菌类拼盘

菌类有营养又好吃。将菌类切得厚一点儿，放到沸水中稍微焯一下，过凉水，冷藏后装盘，菌类拼盘就做好了。菌类拼盘可以搭配醋辣酱食用。

原料

（2人份，1人份的热量 = 41 kcal）

杏鲍菇1个（80 g）、平菇1把（50 g）、香菇2个（50 g）、干木耳2个（2 g，泡发后20 g，可选）、盐1小勺（焯蘑菇用）

醋辣酱

辣椒粉 1/3 小勺、醋1小勺、生抽1小勺、青梅酵素汁1小勺、辣椒酱1小勺、炒白芝麻少许

◎ 营养丰富的风味小吃

制作方法

1. 将制作醋辣酱的原料放到碗中，拌匀。

2. 将干木耳用温水浸泡 20 分钟左右，用手揉搓洗净，挤干，放到锅中煮熟。

3. 将杏鲍菇洗净，保持原来的形状切成 1 cm 厚的片。将平菇去根洗净，一朵一朵撕开。将香菇洗净去蒂，切成 0.5 cm 厚的片。

4. 将杏鲍菇、平菇和香菇分别放到加了盐的沸水（5 杯）中焯 30 秒。

5. 将杏鲍菇、平菇和香菇过凉水，沥干，放入冰箱冷藏 10 分钟左右，和木耳一起装盘，搭配醋辣酱食用。

✳ 独家秘诀

菌类拼盘也可以搭配酸甜酱食用。将 1 大勺柠檬汁、3 大勺醋、1 大勺韩式汤用酱油、2 大勺橄榄油、1 大勺香油、2 小勺白糖和少许炒白芝麻放在一起拌匀，酸甜酱就做好了。酸甜酱很适合搭配凉拌菜食用，孩子也很喜欢。

045

海带豆腐卷

海带富含钙、镁等元素，豆腐富含蛋白质且老少皆宜。用海带和豆腐制作的海带豆腐卷搭配酸辣的柚子辣椒酱很好吃。

原料

（2 人份，1 人份的热量 = 140 kcal）

海带 1 片（A4 纸大小，50 g）、苏子叶 4 片、北豆腐 1 块（200 g）、水芹 4 根（8 g）、炒白芝麻 $\frac{1}{2}$ 小勺、炒黑芝麻 $\frac{1}{4}$ 小勺、炒过的盐（或竹盐）$\frac{1}{4}$ 小勺、香油 1 小勺

柚子辣椒酱

蔬菜高汤（或矿泉水）1 大勺、醋 1 大勺、柚子酵素汁 1 大勺、辣椒酱 1 大勺

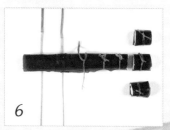

制作方法

1. 将苏子叶用流水洗净，沥干。将制作柚子辣椒酱的原料放到碗中，拌匀。将海带用水洗 2~3 次，再用水浸泡以去除表面的盐分。

2. 将北豆腐放到沸水（5 杯）中焯 3 分钟，捞出晾凉。

3. 放入海带和水芹，各焯 30 秒后捞出。将海带沥干，将水芹过凉水并挤干。

4. 将北豆腐用刀的侧面压碎，用湿棉布包裹，挤干。将北豆腐、炒白芝麻、炒黑芝麻、炒过的盐和香油放到碗中，拌匀。

5. 将苏子叶铺在海带上，放上步骤 4 中拌匀的原料，将海带卷起来。

6. 将水芹竖着对半切开，用水芹每隔 3 cm 将海带豆腐卷捆住。用刀在每两根水芹中间切开，装盘，搭配柚子辣椒酱食用。

夹心豆腐

用清淡的豆腐和香菇制作的夹心豆腐搭配柚子大酱调味酱，即使是讨厌香菇的孩子也很喜欢吃。

原料

（2~3人份，1人份的热量 = 292 kcal）

北豆腐1块（300 g）、干香菇4个、韩式汤用酱油$^1/_2$大勺、苏子油$^1/_2$大勺、淀粉4大勺、糯米粉2大勺、食用油2杯（400 mL）、沙拉用蔬菜少许（可选）、盐少许（腌北豆腐用）

水淀粉

淀粉1小勺、水1大勺

柚子大酱调味酱

梨30 g、醋3大勺、柚子酵素汁$3^1/_2$大勺、大酱3大勺、炒过的盐（或竹盐）少许

1 2 3 4 5 6

制作方法

1. 将梨洗净，用擦丝器擦成丝，与制作柚子大酱调味酱的其他原料一起放到碗中，拌匀。将干香菇用温水（1$\frac{1}{2}$杯热水＋1$\frac{1}{2}$杯凉水）浸泡 20 分钟，挤干。

2. 将北豆腐切成 8 个大小相同、0.5 cm 厚的块，放到厨房纸巾上，撒上盐，静置 10 分钟，用厨房纸巾吸去渗出的水。

3. 将香菇洗净去蒂，剁碎后放入韩式汤用酱油和苏子油，拌匀，制成香菇馅。将制作水淀粉的原料放到一只小碗中，拌匀。

4. 将锅烧热，放入香菇，中火炒 1 分钟，

倒入水淀粉（倒之前搅拌一下），炒 30 秒。

5. 将 2 大勺淀粉舀到盘中，放入豆腐，使之均匀地裹上淀粉。将香菇馅分成 4 等份，分别放在 4 块豆腐上，再盖上剩下的 4 块豆腐。将剩余的淀粉和糯米粉拌匀，放入夹着香菇的豆腐，使之均匀地裹上淀粉和糯米粉。

6. 将食用油倒在锅里，烧至 180 ℃，放入夹着香菇的豆腐，炸 2~3 分钟后捞出，用厨房纸巾吸去表面的油后装盘，在豆腐块上放一点儿柚子大酱调味酱，用沙拉用蔬菜点缀。

✳ 独家秘诀

　　要尽量将香菇剁碎。豆腐块要均匀地裹上淀粉和糯米粉，只有这样，香菇馅才不容易散落。不要放太多香菇馅，适量即可。

豆腐西葫芦炒杂菜

豆腐煎过后切成条与西葫芦等蔬菜一起炒，豆腐西葫芦炒杂菜就做好了。这道菜口感柔软，味道清淡，特别适合牙口不好的老人。豆腐易碎，所以要先煎再切成条。为了防止西葫芦在炒的过程中出水，要将西葫芦用盐腌一下再炒。

原料

（2~3 人份，1 人份的热量 = 160 kcal）

北豆腐1块(100 g)、盐$\frac{1}{4}$小勺(腌北豆腐用)、西葫芦1个(140 g)、盐$\frac{1}{2}$小勺(腌西葫芦用)、青椒$\frac{1}{5}$个 (20 g)、红椒$\frac{1}{5}$个 (20 g)、杏鲍菇1个（80 g）、炒菜用油20 mL（食用油1大勺+苏子油1小勺）

调料

红糖（或黄糖、白砂糖）1 大勺、蔬菜高汤（或矿泉水）6 大勺、生抽 1 大勺、香油 $\frac{1}{4}$ 小勺

1

2

3

4

5

6

制作方法

1. 将北豆腐切成 0.5 cm 厚的块，放在厨房纸巾上，撒上盐，腌 10 分钟，用厨房纸巾吸去渗出的水。

2. 将西葫芦洗净，切成 8 cm 长、0.5 cm 宽的条，撒上盐，腌 10 分钟。

3. 将杏鲍菇洗净，切成 0.5 cm 宽的条。将青椒、红椒洗净，切成 0.5 cm 宽的条。将制作调料的原料放到碗中，拌匀。

4. 将锅烧热，倒入炒菜用油，放入北豆腐，

中火上下两面各煎 2 分钟，煎至两面呈淡黄色。装盘，晾凉，切成 1 cm 宽的条。

★煎过的北豆腐冷却后再切才不会碎。

5. 将锅再次烧热，放入杏鲍菇和 $\frac{1}{2}$ 的调料，大火炒 10 分钟，再放入西葫芦、青椒、红椒和 $\frac{1}{4}$ 的调料，炒 30 秒，装盘。

6. 最后一次将锅烧热，放入剩余的调料和北豆腐，大火炒 1 分钟，再放入步骤 5 中炒好的原料，炒匀后装盘。

❋ 独家秘诀

如果觉得煎豆腐麻烦，可以购买煎好的豆腐。这样可以省略步骤 1，在步骤 4 中直接将煎好的豆腐切成 1 cm 宽的条，其他步骤不变。

米条炒杂菜

将口感筋道的米条和香菇等一起炒熟，米条炒杂菜就做好了。为了让米条充分吸收调料，要先炒米条，最后放香菇和其他蔬菜。事先将调料放入冰箱冷藏一天再用，这道菜的味道会更好。

原料

（2 人份，1 人份的热量 = 256 kcal）

西葫芦干10片（20 g）、绿豆芽1把（50 g）、米条160 g、香油$\frac{1}{2}$小勺、青椒10 g、红椒10 g、香菇1个（25 g）、炒白芝麻1小勺

调料

蔬菜高汤 1 杯（200 mL）、生抽 1 大勺、白糖 2 小勺、韩式汤用酱油 1 小勺、苏子油 1 小勺

 1

 2

 3

 4

 5

 6

◎ 营养丰富的风味小吃

制作方法

1. 将西葫芦干用温水（2 杯）浸泡 30 分钟，挤干。

2. 将绿豆芽用流水洗净，沥干。

3. 将制作调料的原料放到碗中，拌匀。将米条放到沸水（3 杯）中焯 1 分钟，捞出沥干，加香油调味，拌匀。

4. 将西葫芦切成 0.5 cm 宽的条。将青椒、红椒洗净，切成 0.5 cm 宽的条。将香菇洗净去蒂，切成 0.5 cm 厚的片。

5. 将锅烧热，放入米条和调料，大火煮沸，待收汁后，翻炒 2 分钟，放入香菇、西葫芦、绿豆芽，炒 30 秒左右。

6. 最后放入青椒和红椒，炒 30 秒后关火，撒上炒白芝麻。

＊ 独家秘诀

用新鲜的西葫芦代替西葫芦干制作这道菜的方法：将步骤 1 改为将西葫芦切成 0.5 cm 厚的半圆形，撒上少许盐腌 10 分钟左右，挤干，其他步骤不变。

南瓜蘑菇八宝菜

南瓜蘑菇八宝菜是用8种蔬菜制作的，很多人都喜欢吃。将蘑菇、南瓜、油菜等素食中常用的8种蔬菜放到蔬菜高汤中煮一下，最后用水淀粉勾芡，南瓜蘑菇八宝菜就做好了。

原料
（2人份，1人份的热量 = 72 kcal）

南瓜50 g、平菇1把（50 g）、香菇3个（75 g）、口蘑3个（60 g）、干木耳1个（1 g，泡发后10 g，可选）、彩椒80 g（青椒$\frac{1}{3}$个、红椒$\frac{1}{2}$个）、竹笋（罐头）30 g、油菜1棵（60 g）、蔬菜高汤2杯（400 mL）、韩式汤用酱油1大勺（根据喜好增减）、炒过的盐（或竹盐）$\frac{1}{2}$小勺、香油$\frac{1}{2}$小勺

水淀粉

淀粉1大勺、水1大勺

◎ 营养丰富的风味小吃

制作方法

1. 将干木耳用温水（1 杯）浸泡 10 分钟，揉搓洗净，挤干，撕成一口大小。

2. 将平菇去根洗净，一朵一朵撕开。将香菇和口蘑洗净去蒂，切成 4 等份。

3. 将青椒和红椒洗净去籽，切成边长为 2 cm 的三角形的片。将竹笋切成 0.5 cm 厚的片。将南瓜洗净去皮去瓤，切成 0.5 cm 厚的片。

4. 将油菜洗净，竖着切成 4 等份，再横着对半切开。将制作水淀粉的原料放到碗中，拌匀。

5. 将蔬菜高汤倒在一口较深的锅里，大火煮沸后放入南瓜，煮 30 秒。再放入木耳、平菇、香菇和口蘑，煮 1 分钟。

6. 放入青椒、红椒、竹笋、油菜、韩式汤用酱油和炒过的盐，煮 30 秒。最后倒入水淀粉（倒之前搅拌一下），煮 30 秒后关火，放入香油，拌匀。

✽ 独家秘诀

给南瓜去皮的简单方法：将对半切开的南瓜放到微波炉中加热 2~3 分钟，取出后去瓤，将南瓜切口朝下放到案板上，一只手按住南瓜，另一只手拿刀从顶部向下一点点地将皮切掉。

炒杂菜

辣白菜拉皮

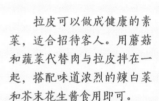

拉皮可以做成健康的素菜，适合招待客人。用蘑菇和蔬菜代替肉与拉皮拌在一起，搭配味道浓烈的辣白菜和芥末花生酱食用即可。

原料

（2~3人份，1人份的热量 = 205 kcal）

拉皮1张（50 g）、干木耳3个（3 g，泡发后30 g）、卷心菜叶2片（手掌大小，60 g）、胡萝卜$\frac{1}{4}$个（50 g）、水芹10根（20 g）、金针菇50 g、平菇3把（150 g）、辣白菜1杯（150 g）、香油1大勺

辣白菜调料
白糖少许、香油少许
蘑菇调料
炒过的盐（或竹盐）少许、香油少许
芥末花生酱
白糖2大勺、水$2\frac{1}{3}$大勺、醋3大勺、生抽1大勺、芥末$2\frac{1}{2}$大勺、花生酱（或花生仁碎）1大勺、炒过的盐（或竹盐）1小勺、香油1小勺

1

2

3

4

5

6

7

制作方法

1. 将干木耳用温水（3杯）浸泡10分钟，揉搓洗净，挤干，撕成一口大小。将拉皮用水（4杯）浸泡30分钟，撕成一口大小，沥干。

2. 将卷心菜叶和胡萝卜洗净，切成6 cm长、0.3 cm宽的条。去掉水芹的蔫叶，将水芹洗净，切成6 cm长的段。将平菇和金针菇去根洗净，撕开。

3. 将制作芥末花生酱的原料放到碗中，拌匀。将辣白菜去芯，切成0.5 cm宽的条，放入辣白菜调料，拌匀。

4. 将平菇和金针菇放到沸水（3杯）中焯30秒，挤干，放入蘑菇调料，拌匀。

5. 将锅烧热，倒入 $\frac{1}{2}$ 大勺香油，放入拉皮，中火炒30秒，装盘。

6. 将锅再次烧热，倒入剩余的香油，放入木耳，中火炒1分钟。

7. 将所有处理好的原料摆盘，搭配芥末花生酱食用。

蒸豆腐彩椒卷心菜卷

蒸豆腐彩椒卷心菜卷搭配土豆大酱调味酱食用，味道很棒。蒸的时间太长卷心菜叶会烂，蒸的时间不够卷心菜叶又容易发硬，因此需要按照菜谱要求的时间蒸。

原料

（2~3 人份，1 人份的热量 = 86 kcal）

卷心菜叶5片（手掌大小，150 g）、苏子叶5片、北豆腐1块（150 g）、彩椒30 g（红椒、黄椒、青椒各10 g）、水芹10根（20 g）、盐$\frac{1}{2}$小勺（焯水芹用）

豆腐调料

炒白芝麻1小勺、炒过的盐（或竹盐）$\frac{1}{4}$小勺、香油1小勺

土豆大酱调味酱

土豆$\frac{1}{4}$个（50 g）、蔬菜高汤$\frac{1}{2}$杯（100 mL）、大酱1大勺

1

2

3

4

5

6

7

制作方法

1. 将苏子叶用流水洗净，去柄，沥干。将卷心菜叶放入蒸锅，蒸 6 分钟，取出晾凉。

2. 将土豆洗净，去皮，用擦丝器擦成丝。将彩椒洗净，剁碎。去掉水芹的叶子，洗净。

3. 将蔬菜高汤倒在锅里，放入大酱，大火煮沸后放入土豆丝，煮成糊状，土豆大酱调味酱就做好了。

4. 将北豆腐放到沸水（3 杯）中焯 3 分钟，捞出晾凉。将水芹放到沸水中，加盐，焯 30 秒左右，捞出过凉水，挤干。

5. 将北豆腐用湿棉布包裹，用力捏碎，挤干，放入豆腐调料和彩椒，拌匀。

6. 在一片卷心菜叶上放一片苏子叶，再放上步骤 5 中拌匀的原料，卷起来，用水芹捆好。用同样的方法再制作 4 个卷心菜卷。

7. 往蒸锅里加水，煮沸，将笼布打湿铺在蒸笼里，放入卷心菜卷，大火蒸 1 分钟后装盘，搭配土豆大酱调味酱食用。

蒸茄子夹土豆泥

在茄子里夹土豆泥和剁碎的其他蔬菜，蒸熟，蒸茄子夹土豆就做好了，可以搭配芥末调味酱食用。这道菜外形漂亮，很适合招待客人。为了保持茄子筋道的口感，要按照菜谱制作，不要蒸太久。

蒸西葫芦夹红薯泥

将红薯压成泥放到西葫芦里，蒸5分钟，蒸西葫芦夹红薯泥就做好了。这道菜有淡淡的甜味，撒上核桃仁碎的话味道就更好了，孩子很喜欢吃。你也可以用土豆代替红薯制作这道菜，成品的味道更清淡。

蒸西葫芦夹红薯泥

原料

（2~3 人份，1 人份的热量 = 78 kcal）

西葫芦½个（140 g）、盐少许（腌西葫芦用）、

红薯½个（100 g）、核桃仁2个（10 g）、炒过的盐（或竹盐）⅓小勺、香油½小勺

制作方法

1. 将西葫芦洗净，竖着对半切开，再切成 1 cm 厚的片。在每片西葫芦中间竖着切一刀，留下 0.5 cm 不要切断，把盐撒到切口里，腌 10 分钟。

2. 将红薯洗净，用刮皮器去皮，切成 0.5 cm 厚的片。将核桃仁放到厨房纸巾上，碾碎。

3. 将红薯放到锅中，加水，没过红薯即可，大火煮沸后改为中火煮 10 分钟。

4. 将红薯放到盆中，用勺子压成泥，放入炒过的盐和香油，拌匀。

5. 把红薯泥放到西葫芦片中间，夹紧。

★放入红薯泥时就算西葫芦片裂成两半也无妨。

6. 往蒸锅里加水，煮沸，将笼布打湿铺到蒸笼里，放入西葫芦片，蒸 5 分钟后关火。装盘，撒上核桃仁碎。

✳ 独家秘诀

　　如果用土豆代替红薯，在步骤 3 中要煮 15 分钟。在步骤 6 中要按照菜谱要求蒸 5 分钟。如果蒸的时间太长，西葫芦会过于软烂，口感和色泽会变差。

蒸茄子夹土豆泥

原料

（2~3 人份，1 人份的热量 = 102 kcal）

土豆1个（200 g）、茄子2个（300 g）、水芹6根（12 g）、胡萝卜20 g、青尖椒½个（可选）、红尖椒½个（可选）、香菇½个（10 g）、韩式汤用酱油¼小勺、炒过的盐（或竹盐）⅓小勺、盐少许（腌茄子用）、盐½小勺（焯水芹用）

芥末调味酱

醋2大勺、芥末1小勺、糖稀（或糖浆、低聚糖）2大勺、生抽1小勺

  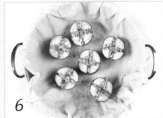

制作方法

1. 将土豆洗净，用擦丝器擦成丝，用湿棉布包裹，将水挤到碗里。静置 20 分钟后倒掉水，将沉淀的淀粉和土豆混合均匀，揉成团。

2. 将茄子洗净，横着切成 4 cm 长的段，在顶部切十字，切出 2.5 cm 深的切口，往切口处撒少许盐，腌 10 分钟。将水芹放到加了盐的沸水(4杯)中焯 30 秒，捞出过凉水，沥干。

3. 将胡萝卜、青尖椒、红尖椒和香菇分别洗净剁碎。将红尖椒用流水冲洗，沥干。将制作芥末调味酱的原料放到碗中，拌匀。

4. 将土豆、胡萝卜、青尖椒、红尖椒、香菇、韩式汤用酱油和炒过的盐放到盆中，拌匀。

5. 把步骤 4 中拌匀的馅料放到茄子里，用筷子压紧，然后用水芹捆住茄子，防止散开。

6. 往蒸锅里加水，煮沸，将笼布打湿铺到蒸笼里，放入茄子，大火蒸 7 分钟。装盘，搭配芥末调味酱食用。

✳ 独家秘诀

用红薯或藕代替土豆充当馅料也很好吃。做法是：将红薯或藕放到锅中，加水，没过红薯或藕即可，中火煮 10 分钟后用擦丝器擦成丝，用湿棉布包裹挤去水，撒少许盐，拌匀，放到茄子里。

蒸蘑菇牛蒡

蘑菇和牛蒡富含膳食纤维，用蒸的方法可以防止营养成分流失。蒸蘑菇牛蒡口感柔软，味道清淡，适合搭配辣椒调味酱或芥末梨酱食用。

炖杏鲍菇夹白萝卜

炖杏鲍菇夹白萝卜味道清淡，制作简单。将白萝卜放在杏鲍菇中（注意不要把杏鲍菇弄碎），放到少量蔬菜高汤里炖熟即可。这道菜的汤也很好喝。

炖杏鲍菇夹白萝卜

原料

（2人份，1人份的热量=19 kcal）

迷你杏鲍菇10个（60 g）、白萝卜1段（50 g）、
炒过的盐（或竹盐）$\frac{1}{3}$小勺、香油$\frac{1}{2}$小勺、韩式
汤用酱油$\frac{1}{2}$小勺

蔬菜高汤（$\frac{1}{2}$杯，100 mL）

水$1\frac{1}{2}$杯（300 mL）、海带1片（5 cm×5 cm）、
干香菇2个（泡发）

1

2

3

4

5

6

制作方法

1. 将制作蔬菜高汤的原料放到锅中，大火煮沸
后捞出海带，改为小火煮10分钟后捞出香菇。

2. 在迷你杏鲍菇底部切十字，留1 cm不要
切断。

3. 将白萝卜洗净去皮，切成3 cm长的细丝。

4. 将白萝卜、香油和炒过的盐放到盆中，用手
轻轻拌匀。

5. 将白萝卜放到迷你杏鲍菇里，用筷子压紧。

6. 将韩式汤用酱油和杏鲍菇放到蔬菜高汤中，
大火煮沸后改为小火，煮5分钟即可。

✳ **独家秘诀**

可以用4个大小适中的杏鲍菇代替10个迷你杏鲍菇，按同样的步骤制作即可。

蒸蘑菇牛蒡

原料

（2~3 人份，1 人份的热量 = 97 kcal）

牛蒡1段（50 g）、香菇4个（100 g）、口蘑4个（80 g）、剁碎的西蓝花1大勺（10 g，可选）、剁碎的胡萝卜1大勺（10 g，可选）、北豆腐1块（100 g）、炒过

的盐（或竹盐）$\frac{1}{3}$小勺、香油$\frac{1}{2}$小勺、淀粉1大勺、醋少许（浸泡牛蒡用）

辣椒调味酱

白糖$\frac{1}{2}$大勺、醋$\frac{1}{2}$大勺、辣椒酱1大勺、香油$\frac{1}{2}$大勺

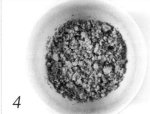

制作方法

1. 将牛蒡用刀背去皮，洗净，用加了醋的水浸泡 5 分钟左右，用料理机搅碎。

2. 将香菇和口蘑洗净去蒂。将剁碎的西蓝花和胡萝卜分别放在两只碗中。

3. 将制作辣椒调味酱的原料放到碗中，拌匀。将北豆腐用刀的侧面压碎，用湿棉布包裹，挤干。

4. 将牛蒡、北豆腐、剁碎的西蓝花和胡萝卜、炒过的盐、香油放到盆中，拌匀，制成馅料。

5. 往香菇和口蘑的菌褶上均匀地撒淀粉，放入步骤 4 中拌匀的馅料，再撒上一层淀粉。

6. 往蒸锅里加水，煮沸，将笼布打湿铺到蒸笼里，放入香菇和口蘑，大火蒸 6 分钟。装盘，搭配辣椒调味酱食用。

✳ 独家秘诀

这道菜还适合搭配芥末梨酱（做法参考第 19 页）食用。

蒸彩椒

将红薯、土豆、山药以及调料拌匀，放在爽口的彩椒里蒸熟，蒸彩椒就做好了。它的外形像切开的苹果，色泽鲜亮，适合孩子吃，也适合招待客人。也可以用藕代替山药来制作这道菜。

原料

（2~3 人份，1 人份的热量 = 88 kcal）

红薯$\frac{1}{2}$个（100 g）、土豆$\frac{1}{2}$个（100 g）、炒过的盐（或竹盐）$\frac{1}{3}$小勺（给土豆和红薯调味用）、香油$\frac{1}{2}$小勺（给土豆和红薯调味用）、山药1段（50 g）、炒过的盐（或竹盐）少许（给山药调味用）、香油少许（给山药调味用）、彩椒150 g（红椒、黄椒、青椒各$\frac{1}{2}$个）、炒黑芝麻少许（可选）

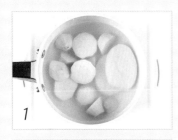
1

2

3

4

5

6

7

制作方法

1. 将红薯和土豆洗净，用刮皮器去皮，切成 1.5 cm 厚的片。放到锅中，加水，没过土豆和红薯即可，大火煮沸后改为中火，煮 10 分钟。

2. 将彩椒留柄洗净，竖着对半切开，去籽。

3. 将山药用流水洗净，用刮皮器去皮，再用流水洗净。
★山药的黏液沾到手上会引起瘙痒，处理时要戴上一次性手套。

4. 将山药的表面擦干，用擦丝器擦成丝，放入炒过的盐和香油，拌匀。

5. 将红薯和土豆放到盆中，用勺子压成泥，加入炒过的盐和香油，拌匀。

6. 将步骤 5 中拌匀的原料放到彩椒里，用筷子压紧，最后将山药铺在表面。

7. 往蒸锅里加水，煮沸，将笼布打湿铺到蒸笼里，放入彩椒，大火蒸 3 分钟关火。装盘，撒上炒黑芝麻。

蒸山药银杏

山药营养丰富，富含膳食纤维、蛋白质、钙元素、维生素C等。山药含有的黏蛋白能保护胃黏膜、缓解消化不良等症状。不太喜欢山药黏糊糊的口感的人可以试试蒸山药银杏，蒸过的山药不发黏而且更绵软，味道更香。

原料

（2~3人份，1人份的热量 = 37 kcal）

山药1段（100 g）、炒过的盐（或竹盐）$\frac{1}{3}$小勺、香油$\frac{1}{2}$小勺、银杏4粒、香菇$\frac{1}{5}$个（5 g）、枣1颗（可选）、松仁1大勺、食用油1小勺

1

2

3

4

5

6

制作方法

1. 将山药用流水洗净，用刮皮器去皮，再用流水洗净。

★山药的黏液沾到手上会引起瘙痒，处理时要戴上一次性手套。

2. 将山药擦干，用擦丝器擦成丝，放入炒过的盐和香油，拌匀。

3. 将锅烧热，倒入食用油。将银杏用厨房纸巾擦一下，放到锅中，小火炒 5 分钟后取出，放在厨房纸巾上，揉搓去皮。

4. 将香菇洗净去蒂，剁碎。将枣去核，剁碎。将银杏对半切开。

5. 将山药放到耐热的碗中，将银杏、枣、香菇、松仁铺在山药上面，盖上保鲜膜。

6. 往蒸锅里加水，煮沸，将笼布打湿铺到蒸笼里，将耐热的碗放到锅中，大火蒸 15~20 分钟。

❋ 独家秘诀

　　如果处理完山药后手发痒，可以用稀释过的醋洗手。去皮的山药如果不立即使用容易发生褐变，为了防止褐变，可以用加了醋的水（3 杯水 + 1 小勺醋）浸泡。

西葫芦片水

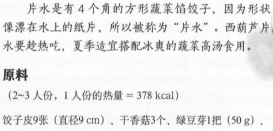

片水是有4个角的方形蔬菜馅饺子，因为形状像漂在水上的纸片，所以被称为"片水"。西葫芦片水要趁热吃，夏季适宜搭配冰爽的蔬菜高汤食用。

原料

（2~3人份，1人份的热量 = 378 kcal）

饺子皮9张（直径9 cm）、干香菇3个、绿豆芽1把（50 g）、北豆腐1块（150 g）、西葫芦1个（280 g）
香菇调料
韩式汤用酱油$\frac{1}{2}$小勺、香油$\frac{1}{2}$小勺
西葫芦和绿豆芽调料
炒过的盐（或竹盐）$\frac{1}{3}$小勺、香油$\frac{1}{2}$小勺
辣椒调味酱
青尖椒$\frac{1}{4}$个（剁碎）、红尖椒$\frac{1}{4}$个（剁碎）、白糖$\frac{2}{3}$大勺、醋1大勺、生抽1大勺

1

2

3

4

5

6

制作方法

1. 将干香菇用温水（1$\frac{1}{2}$杯热水 + 1$\frac{1}{2}$杯凉水）浸泡 20 分钟。将制作辣椒调味酱的原料放到碗中，拌匀。

2. 将北豆腐放到沸水（4 杯）中焯 3 分钟左右，捞出晾凉，沥干。放入绿豆芽焯 1 分 30 秒，捞出过凉水，沥干。

3. 将西葫芦洗净，切成 5 cm 长、0.5 cm 宽的条。将绿豆芽切成 2 cm 长的段。将香菇挤干，去蒂，切成 0.3 cm 厚的片。

4. 往香菇中加香菇调料，拌匀。往西葫芦和绿豆芽中加西葫芦和绿豆芽调料，拌匀。将北豆腐用刀的侧面压碎，用湿棉布包裹，挤干。将北豆腐、香菇、西葫芦和绿豆芽放到碗中，拌匀，制成馅料。

5. 舀 1$\frac{1}{2}$勺馅料放到一张饺子皮的中央，在饺子皮的边缘抹一点儿水，将饺子皮的边捏到一起，如图所示捏出 4 个角，西葫芦片水就包好了。

6. 往蒸锅里加水，煮沸，将笼布打湿铺到蒸笼里，放入西葫芦片水，大火蒸 10 分钟后装盘，搭配辣椒调味酱食用。

✳ 独家秘诀

西葫芦片水可以搭配冰爽的蔬菜高汤食用。蔬菜高汤做好后先放入冰箱冷藏 1 小时，之后将西葫芦片水盛到盘子里，倒一点儿蔬菜高汤即可。

白菜皮饺子

用白菜叶代替饺子皮包裹饺子馅，上锅蒸熟，味道清新的白菜皮饺子就做好了。往饺子馅里加一些坚果碎，饺子的味道会更香。

原料

（2~3 人份，1 人份的热量 = 165 kcal）

白菜叶8~10片（300 g）、粉条$\frac{1}{3}$把（30 g）、干香菇1个、黄豆芽$\frac{1}{2}$把（25 g）、北豆腐1块（90 g）、菠菜$\frac{1}{2}$把（25 g）、胡萝卜10 g（可选）、花生仁碎$1\frac{1}{2}$大勺（15 g）、淀粉4大勺、香油$\frac{1}{2}$小勺、炒过的盐（或竹盐）$\frac{1}{2}$小勺、胡椒粉少许、盐3大勺（浸泡白菜用）

大酱调味酱

白糖$1\frac{1}{2}$大勺、梨（擦成丝，或用矿泉水代替）1大勺（10 g）、蔬菜高汤（或矿泉水）$2\frac{1}{2}$大勺、醋1大勺、糖稀（或糖浆、低聚糖）1小勺、大酱2小勺、辣椒酱$\frac{1}{2}$小勺、香油$\frac{1}{2}$小勺

1

2

3

4

5

6

7

制作方法

1. 将白菜叶用加了盐的水（$\frac{1}{2}$ 杯）浸泡 1 小时，捞出冲洗，沥干。将粉条用水浸泡 30 分钟。将干香菇用温水（$1\frac{1}{2}$ 杯热水 + $1\frac{1}{2}$ 杯凉水）浸泡 20 分钟。

2. 将粉条放到沸水中煮 5 分钟，捞出过凉水，沥干。放入黄豆芽焯 1 分钟，捞出过凉水，沥干。

3. 将菠菜洗净，放到沸水中焯 30 秒，捞出过凉水，沥干。放入北豆腐焯 3 分钟，捞出晾凉。

4. 将菠菜、黄豆芽和粉条切成 3 cm 长的段。将胡萝卜、香菇洗净剁碎。将北豆腐用刀的侧面压碎，用湿棉布包裹，挤干。

5. 将制作大酱调味酱的原料放到碗中，拌匀。将粉条、黄豆芽、菠菜、香菇、胡萝卜、花生仁碎、北豆腐、炒过的盐、香油和胡椒粉放到盆中，拌匀，饺子馅就做好了。

6. 在白菜叶朝上的一面均匀涂抹淀粉，舀 2 大勺饺子馅放在白菜叶较厚的位置，卷起白菜叶，在表面再裹上一层淀粉。用同样的方法再制作几个白菜皮饺子。

7. 往蒸锅里加水，煮沸，将笼布打湿铺到蒸笼里，放入白菜皮饺子，大火蒸 6~7 分钟后装盘，搭配大酱调味酱食用。

土豆饺子

土豆饺子制作方法简单，营养丰富，口感筋道，味道清淡，很受孩子喜欢。仅用炒过的盐和香油就能调出好吃的饺子馅。土豆饺子搭配辣椒调味酱最好吃。

原料

（2~3 人份，1 人份的热量 = 176 kcal）

饺子皮8张（直径8 cm）、土豆2个（400 g）、炒过的盐（或竹盐）$\frac{1}{2}$小勺、香油$\frac{1}{2}$小勺

辣椒调味酱

青尖椒$\frac{1}{4}$个（剁碎）、红尖椒$\frac{1}{4}$个（剁碎）、白糖$\frac{2}{3}$大勺、醋1大勺、生抽1大勺

制作方法

1. 将土豆洗净，用擦丝器擦成丝，用湿棉布包裹，将水挤到碗里，静置 20 分钟。

2. 将制作辣椒调味酱的原料放到碗中，拌匀。

3. 倒掉步骤 1 中挤出的水，将沉淀的淀粉与土豆混合均匀，揉成团。

4. 将炒过的盐和香油放到土豆里，拌匀，饺子馅就做好了。

5. 将饺子馅分成 8 等份，分别放在饺子皮上，在饺子皮的边缘抹一点儿水，如图所示包好。

6. 往蒸锅里加水，煮沸，将笼布打湿铺到蒸笼里，放入饺子，大火蒸 10 分钟后装盘，搭配辣椒调味酱食用。

＊独家秘诀

将煮蔬菜高汤后留下的香菇剁碎，放到土豆饺子馅里，再放入 2 大勺坚果碎（核桃仁碎、花生仁碎等），这样做出的饺子也很好吃。

东风菜豆腐丸子

东风菜豆腐丸子的做法是将北豆腐和东风菜等团成球，蒸熟后放入煮沸的蔬菜高汤。它既有淡淡的东风菜的香气，又有豆腐的清香。春天你可以用应季蔬菜、冬天你可以用干菜制作多种风味的丸子。

原料

（2人份，1人份的热量 = 79 kcal）

泡发的东风菜24 g（干东风菜6 g，浸泡6小时）、北豆腐1块（150 g）、炒过的盐（或竹盐）少许、香油少许、淀粉1大勺、韩式汤用酱油1小勺

蔬菜高汤（2杯，400 mL）

水3杯（600 mL）、干香菇2个（泡发）、海带1片（5 cm×5 cm）

制作方法

1. 将泡发的东风菜清洗干净，放到锅中，加水（4杯），大火煮沸后改为小火，煮 20~30 分钟。

2. 将东风菜捞出过凉水 2~3 次，用凉水浸泡 30分钟，捞出沥干，去掉较硬的茎，切成 3 cm 长的段。

3. 将制作蔬菜高汤的原料放到锅中，大火煮沸后捞出海带，改为小火煮 10 分钟后捞出香菇。

4. 将北豆腐放到沸水（4杯）中焯 3 分钟左右，捞出晾凉，用刀的侧面压碎，用湿棉布包裹，挤干。

5. 将东风菜、北豆腐、炒过的盐和香油放到盆中，拌匀，团成直径 2 cm 的丸子。将丸子放到淀粉里，使之均匀地裹上一层淀粉。

6. 往蒸锅里加水，煮沸，将笼布打湿铺在蒸笼里，放入丸子，大火蒸 5 分钟后关火。

7. 将蔬菜高汤倒入一口较深的锅，放入韩式汤用酱油，煮沸后关火。将丸子和汤一起盛到碗中。

艾蒿焗藕

藕是莲的根茎，富含维生素 C 和多酚等抗氧化成分。即使是不喜欢吃藕的孩子也一定会喜欢吃艾蒿焗藕。

原料

（2~3 人份，1 人份的热量 = 124 kcal）

北豆腐1块（100 g）、艾蒿1把（50 g）、藕1段（200 g）、香菇2个（50 g）、盐$\frac{1}{2}$小勺（焯艾蒿用）、青椒少许（可选）、红椒少许（可选）、炒过的盐（或竹盐）$\frac{1}{2}$小勺（在步骤4中调味用）、香油1小勺、山药1段（100 g）、炒过的盐（或竹盐）少许（给山药调味用）

1

2

3

4

5

6

制作方法

1. 将北豆腐放到沸水（3杯）中焯3分钟左右，捞出晾凉。将艾蒿放到沸水中，加盐，焯30秒左右，过凉水，挤干。

★提前将烤箱预热到180℃。

2. 将藕用流水洗净，用刮皮器去皮。将⅔的藕用料理机搅碎，剩下的剁碎。

★如果将藕全部搅碎，这道菜的口感会更绵软。

3. 将香菇洗净去蒂，切成0.5 cm见方的丁。将艾蒿切成1 cm长的段。将北豆腐用刀的侧面压碎，用湿棉布包裹，挤干。将青椒和红椒洗净剁碎。

4. 将北豆腐、藕、香菇、艾蒿、香油和炒过的盐放到盆中，拌匀。

5. 将山药洗净，用刮皮器去皮，用料理机搅碎，放入炒过的盐，拌匀。

★山药的黏液沾到手上会引起瘙痒，处理时要戴上一次性手套。

6. 将步骤4中拌匀的原料放到耐热的容器中，在上面铺山药，放到烤箱中烘烤10~15分钟，至表面呈淡黄色后出炉装盘，撒上青椒和红椒。

豆浆焗南瓜

豆浆焗南瓜是用南瓜、山药和豆浆等制作的一道热量低、营养丰富的菜，适合孩子食用。你也可以用牛奶和制作比萨饼用的奶酪代替豆浆和山药制作这道菜。

原料

（2~3 人份，1 人份的热量 = 254 kcal）
南瓜$\frac{1}{3}$个（300 g）、青椒$\frac{1}{2}$个（50 g）、红椒$\frac{1}{2}$个（50 g）、香菇2个（50 g）、面粉3大勺（15 g）、食用油2大勺、豆浆$1\frac{1}{2}$杯（300 mL）、炒过的盐（或竹盐）$\frac{1}{2}$小勺（在步骤4中调味用）、山药1段（100 g）、炒过的盐（或竹盐）少许（给山药调味用）

1

2

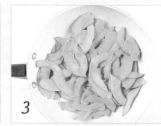
3

4

5

6

制作方法

1. 将青椒和红椒洗净去籽，切成 1 cm 宽的条。将香菇洗净去蒂，切成 0.5 cm 厚的片。将南瓜洗净去皮去瓤，切成 0.3 cm 厚的片。

★提前将烤箱预热到 180 ℃。

2. 将锅烧热，放入面粉，中火炒 1 分钟，倒入 1 大勺食用油，改为小火，边炒边用铲子搅拌，2 分钟后装盘。

3. 将锅洗净再烧热，倒入剩余的食用油，放入南瓜，大火炒 2 分钟。

4. 放入青椒、红椒、香菇、豆浆和炒过的面粉，用铲子拌匀，煮沸后放入炒过的盐，拌匀，关火。

5. 将山药洗净，用削皮器去皮，用擦丝器擦成丝，放入炒过的盐，拌匀。

★山药的黏液沾到手上会引起瘙痒，处理时要戴上一次性手套。

6. 将步骤 4 中拌匀的原料放到耐热的容器中，在上面铺山药，放到烤箱中烘烤 10~15 分钟，至表面呈淡黄色。

炸藕豆腐

炸藕豆腐是用鲜脆的藕和柔软的北豆腐等原料制作的，味道很好。

原料

（2~3人份，1人份的热量 = 499 kcal）

藕1段（400 g）、北豆腐1块（100 g）、盐少许（腌北豆腐用）、淀粉5大勺、食用油3杯（600 mL）

炸粉

面粉 $1/2$ 杯（50 g）、水1杯（200 mL）、淀粉 $1/2$ 杯（50 g）、炒过的盐（或竹盐）1小勺

苹果调味酱

苹果 $1/2$ 个（100 g）、青椒 $1/3$ 个（30 g）、红椒 $1/3$ 个（30 g）、胡萝卜40 g、水 $3/4$ 杯（150 mL）、韩式汤用酱油 $1/2$ 大勺、青梅酵素汁6大勺、食用油1大勺

水淀粉

淀粉1大勺、水1大勺

制作方法

1. 将北豆腐切成 2 cm 见方的块，放在厨房纸巾上，均匀地撒上盐，腌 10 分钟左右，用厨房纸巾吸去渗出的水。

2. 将藕用流水洗净，用刮皮器去皮，切成三角形的块。将青椒和红椒洗净去籽，切成边长约 2 cm 的三角形的片。将胡萝卜洗净，竖着对半切开，再切成 0.3 cm 厚的片。

3. 将苹果洗净，用擦丝器擦成丝，放入水、韩式汤用酱油和青梅酵素汁，拌匀。将制作水淀粉的原料放到碗中，拌匀。将制作炸粉的原料放到盆中，拌匀。

4. 将淀粉和藕放到保鲜袋中，轻轻摇晃，使藕均匀地裹上一层淀粉。用同样的方法处理北豆腐。

5. 将藕和北豆腐放到炸粉里，使它们均匀地裹上一层炸粉。

6. 将食用油倒在锅里，烧至 180 ℃（即放入藕后，要等几秒藕才能浮起来）。放入藕，炸 3 分钟，再放入北豆腐，炸 2 分钟左右，将藕和北豆腐捞出，放在厨房纸巾上吸去表面的油。

7. 另取一锅烧热，倒入食用油，放入青椒、红椒和胡萝卜，大火炒 30 秒左右。加入制作苹果调味酱的其他原料，煮沸后再煮 1 分钟，倒入水淀粉（倒之前搅拌一下），煮 30 秒后浇在藕和北豆腐上。

豆浆南瓜球

将香甜的南瓜和可口的北豆腐等团成球油炸，浇上用豆浆和水淀粉制作的汁，豆浆南瓜球就做好了。这道菜味道很好，有着柔软的口感和香甜的味道，深受孩子欢迎。

原料

（2~3 人份，1 人份的热量 = 283 kcal）

南瓜$\frac{1}{3}$个（300 g）、北豆腐1块（100 g）、剁碎的胡萝卜1大勺（10 g）、淀粉5大勺、炒过的盐（或竹盐）$\frac{1}{3}$小勺、食用油3杯（600 mL）

豆浆

黄豆（浸泡 6 小时）$\frac{1}{4}$ 杯（50 g）、水 $\frac{3}{4}$ 杯（150 mL）、白糖 2 大勺、炒过的盐（或竹盐）1 小勺

水淀粉

淀粉1大勺、水1大勺

 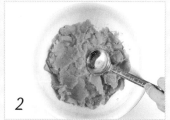 

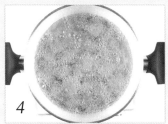  

◎ 营养丰富的风味小吃

制作方法

1. 将北豆腐放到沸水（4 杯）中焯 3 分钟左右，晾凉后用刀的侧面压碎，用湿棉布包裹，挤干。将南瓜洗净去皮去瓤，切成 1 cm 厚的片。

2. 往蒸锅里加水，煮沸，将笼布打湿铺到蒸笼里，放入南瓜，中火蒸 10 分钟，用小勺压成泥。

3. 将南瓜、胡萝卜、北豆腐、淀粉和炒过的盐放到盆中，拌匀，团成直径 2 cm 的球。
★如果南瓜水分较多，可再加点儿淀粉。

4. 将食用油倒在锅里，烧至 180 ℃（即放入南瓜球后，要等几秒南瓜球才能浮起来）。放入南瓜球，炸 2 分 30 秒左右，捞出，放在厨房纸巾上吸去表面的油。

5. 将黄豆和水用料理机搅打成较稠的液体，过滤后加入白糖和炒过的盐制成豆浆。将制作水淀粉的原料放到碗中，拌匀。

6. 将豆浆倒在锅中，大火煮沸后改为中火，煮 2 分钟左右，倒入水淀粉（倒之前搅拌一下），煮 10 秒左右，浇在南瓜球上。

✳ 独家秘诀

你如果觉得自制豆浆比较麻烦，可以从市场上购买现成的豆浆或者豆奶。

干烹平菇

平菇富含膳食纤维和蛋白质，可以降低胆固醇，饱腹感强。炸过的平菇口感筋道，搭配稍辣的干烹酱油汁能令人胃口大开。

原料

（2~3 人份，1 人份的热量 = 265 kcal）

平菇5把（250 g）、盐 $\frac{1}{3}$ 小勺（腌平菇用）、淀粉2大勺、食用油3杯（600 mL）、辣椒油（或食用油）1大勺

炸粉

淀粉 $\frac{1}{2}$ 杯（70 g）、面粉 $\frac{1}{2}$ 杯（50 g）、水 1 杯（200 mL）

干烹酱油汁

青阳辣椒 1 个（剁碎）、红尖椒 1 个（剁碎）、白糖 $1\frac{1}{2}$ 大勺、蔬菜高汤（或水）1 大勺、醋 1 大勺、生抽 2 大勺

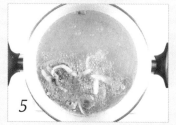

制作方法

1. 将平菇去根洗净，一朵一朵撕开，均匀地撒上盐，腌10分钟。

2. 将平菇和淀粉放到保鲜袋中，轻轻摇晃，使平菇均匀地裹上淀粉。

3. 将制作干烹酱油汁的原料放到碗中，拌匀。将制作炸粉的原料放到盆中，拌匀。

4. 将平菇放到炸粉里，使之均匀地裹上一层炸粉。

5. 将食用油倒在锅里，烧至180℃（即放入平菇后，平菇会立即浮起来）。放入 $\frac{1}{3}$ 的平菇，炸2分钟左右，捞出，放在厨房纸巾上吸去表面的油。用同样的方法处理剩下的平菇。

6. 另取一锅烧热，倒入辣椒油和干烹酱油汁，大火煮沸后再煮1分30秒，放入平菇，快速搅拌30秒左右，关火。

酸甜糯米锅巴

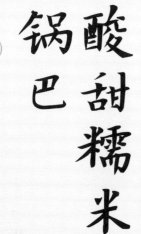

将用蔬菜高汤等原料制作的酸甜蔬菜汤浇在炸过的糯米锅巴上，酸甜糯米锅巴就做好了。锅巴会吸收很多汤汁，因此酸甜蔬菜汤要制作得足够多。

原料

（2~3人份，1人份的热量 = 106 kcal）

糯米锅巴（或其他锅巴）5块（5 cm×10 cm）、竹笋（罐头）25 g、胡萝卜20 g、油菜1棵（60 g）、香菇1个（25 g）、干木耳2个（2 g，泡发后20 g）、食用油3杯（600 mL）

水淀粉

淀粉3大勺、水3大勺

酸甜调味汁

蔬菜高汤 $2\frac{1}{2}$ 杯（500 mL）、生姜1块（蒜瓣大小）、炒过的盐（或竹盐）1小勺、生抽2小勺、青梅酵素汁1小勺

制作方法

1. 将胡萝卜洗净，竖着对半切开，再切成 0.3 cm 厚的片。将竹笋切成 0.5 cm 厚的片。

2. 将油菜去根洗净，竖着切成 4 等份。

3. 将制作水淀粉的原料放到碗中，拌匀。将香菇洗净去蒂，切成 0.5 cm 厚的片。将干木耳用温水浸泡 10 分钟左右，洗净后沥干，撕成一口大小。

4. 将制作酸甜调味汁的原料放到锅中，大火煮

沸后捞出生姜，放入竹笋、胡萝卜、油菜、香菇和木耳，煮沸后再煮 30 秒左右，倒入水淀粉（倒之前搅拌一下），搅匀，煮沸后再煮 20 秒左右，酸甜蔬菜汤就做好了。

5. 将食用油倒在锅里，烧至 200 ℃（即放入糯米锅巴后，糯米锅巴会立即浮起来），放入糯米锅巴，用筷子按压，炸 10 秒左右。
★只有在高温下快速油炸，锅巴才香脆。

6. 将糯米锅巴放到盆中，浇上酸甜蔬菜汤。

炸香菇

这道菜中的香菇可以用杏鲍菇、平菇或豆腐代替。
注意炸香菇时油温不要过低，否则香菇不好吃。

原料
（2~3 人份，1 人份的热量 = 246 kcal）
香菇10个（250 g）、盐$\frac{1}{3}$小勺（腌香菇用）、淀粉2大勺、
青椒$\frac{1}{4}$个（25 g，剁碎）、红椒$\frac{1}{4}$个（25 g，剁碎）、坚果
碎（杏仁碎、南瓜子仁碎、葵花子仁碎、核桃仁碎等）5大勺
炸粉
淀粉 1 杯（140 g）、面粉 1 杯（100 g）、水 2 杯（400 mL）
梅子辣椒酱
柠檬汁1大勺、醋$\frac{1}{2}$大勺、青梅酵素汁 1$\frac{1}{2}$大勺、糖稀（或糖浆、
低聚糖）1$\frac{1}{2}$大勺、辣椒酱 2 大勺

 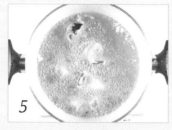 

制作方法

1. 将香菇洗净去蒂，每个切成 4~6 等份，均匀地撒上盐。

2. 将香菇和淀粉放到保鲜袋中，轻轻摇晃，使香菇均匀地裹上一层淀粉。

3. 将制作梅子辣椒酱的原料放到碗中，拌匀。将制作炸粉的原料放到盆中，拌匀。

4. 将香菇放到炸粉里，使之均匀地裹上一层炸粉。

5. 将食用油倒在锅里，烧至 180 ℃（即放入香菇后，要等几秒香菇才能浮起来）。放入 $\frac{1}{3}$ 的香菇，炸 2 分钟左右，捞出，放在厨房纸巾上吸去表面的油。用相同的方法处理剩下的香菇。

6. 另取一锅烧热，放入梅子辣椒酱，大火煮沸后放入香菇，快速翻炒 30 秒左右，关火，撒上青椒、红椒和坚果碎，拌匀。

＊独家秘诀

将制作梅子辣椒酱的辣椒酱减为 $\frac{1}{2}$~1 大勺，这样制作出来的梅子辣椒酱就不辣了，更适合孩子食用。

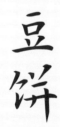

豆饼

用黑豆和北豆腐等原料制作的豆饼营养丰富,味道清淡,搭配微酸的香菇青梅酱油汁,吃起来不油腻,又甜又脆。

原料

(2~3 人份, 1 人份的热量 = 402 kcal)

黑豆1杯 (130 g) 、北豆腐1块 (80 g) 、土豆1个 (200 g) 、炒过的盐 (或竹盐) $\frac{1}{3}$小勺、面粉2大勺、盐$\frac{1}{2}$小勺 (煮土豆用) 、面包糠1杯 (50 g) 、食用油2大勺

香菇青梅酱油汁

香菇 1 个 (25 g) 、苹果 $\frac{1}{4}$ 个 (50 g) 、水 1 杯 (200 mL) 、青梅酵素汁 6 大勺、韩式汤用酱油 1 小勺

水淀粉

淀粉 1 大勺、水 1 大勺

装饰用蔬菜 (可选, 需要用 $\frac{1}{2}$ 大勺食用油来炒)

圣女果 2 个、迷你杏鲍菇 2 个、西蓝花 20 g、胡萝卜 20 g

1

2

3

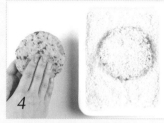
4

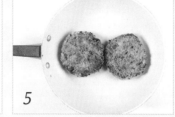
5

6

7

制作方法

1. 将黑豆洗净，用水（5杯）浸泡3小时，再放到沸水（5杯）中煮10分钟左右，捞出沥干，用料理机磨碎。

2. 将土豆洗净，切成4等份。将北豆腐放到沸水（4杯）中焯3分钟左右，捞出晾凉，用刀的侧面压碎，用湿棉布包裹，挤干。将土豆放到沸水中，加盐，大火煮10分钟左右。

3. 将香菇洗净去蒂，切成0.5 cm厚的片。将苹果洗净，用擦丝器擦成丝，与制作香菇青梅酱油汁的其他原料一起放到碗中，拌匀。将制作水淀粉的原料放到另一只碗中，拌匀。

4. 将土豆放到盆中，用勺子压成泥，放入黑豆、北豆腐、炒过的盐和面粉，揉匀，做成4个直径10 cm的饼。将做好的饼放在面包糠中按压，使之均匀地裹上一层面包糠。

5. 将锅烧热，倒入食用油，放入饼，中火煎2~3分钟，至两面呈淡黄色，豆饼就煎好了。如果锅较小，可分两次煎。

★如果中途食用油不够，再加一点儿即可。

6. 另取一锅，倒入香菇青梅酱油汁，大火煮沸后改为中火，煮10分钟左右，倒入1大勺水淀粉（倒之前搅拌一下），煮30秒左右。

7. 将圣女果、迷你杏鲍菇和西蓝花洗净，切成一口大小。将胡萝卜洗净，切成1 cm厚的片。将锅洗净烧热，倒入食用油，放入所有装饰用蔬菜，大火炒2~3分钟后装盘，放入豆饼，搭配青梅酱油汁食用。

豆腐
土豆串

将压碎的北豆腐和土豆泥混合，分成3等份，分别放入剁碎的胡萝卜、西蓝花和香菇，团成球后用油煎一下，用签子串起来，豆腐土豆串就做好了。豆腐土豆串可以做主食，也可以做小吃，搭配短果茴芹凉拌菜食用，味道更好。

原料

（2~3人份，1人份的热量 = 190 kcal）

土豆3个（600 g）、短果茴芹2把（100 g）、北豆腐1块（50 g）、剁碎的胡萝卜1大勺（10 g）、剁碎的西蓝花1大勺（10 g）、干香菇1个、炒过的盐（或竹盐）$\frac{1}{4}$小勺、香油$\frac{1}{4}$小勺、食用油1小勺、盐少许（煮土豆用）

短果茴芹凉拌菜调料

红尖椒$\frac{1}{3}$个（剁碎）、白糖$1\frac{1}{2}$小勺、辣椒面$\frac{1}{2}$小勺、醋2小勺、韩式汤用酱油2小勺、香油1小勺、炒白芝麻少许

1

2

3

4

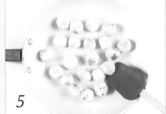
5

6

制作方法

1. 将土豆洗净，每个切成4等份，放到锅中，倒入加了盐的水（2杯），大火煮15分钟左右，取出放到碗中，用勺子压成泥。

2. 去掉短果茴芹的蔫叶，将短果茴芹用流水洗净，沥干。将北豆腐用刀的侧面压碎，用湿棉布包裹，挤干。

3. 将干香菇用温水（1杯热水＋1杯凉水）浸泡20分钟左右，挤干，去蒂，剁碎。将短果茴芹切成3 cm长的段。

4. 将北豆腐、炒过的盐和香油放到土豆泥中，拌匀，分成3等份，分别放入剁碎的胡萝卜、西蓝花和香菇，拌匀后团成多个直径约2 cm的球。

5. 将锅烧热，倒入食用油，转一圈，使锅里均匀地沾满油，用厨房纸巾吸去多余的油。放入豆腐土豆球，大火煎3分钟左右，直至表面呈淡黄色，晾凉后用签子串起来。

6. 将制作短果茴芹凉拌菜调料的原料放到盆中，拌匀，放入短果茴芹，再拌匀，搭配豆腐土豆串食用。

＊ 独家秘诀
可以用结球莴苣、菠菜等蔬菜代替短果茴芹，放入短果茴芹凉拌菜调料，拌匀即可。

煎沙参

沙参浇上松仁汁，撒上糯米粉，煎几分钟就可以吃了，制作时不要倒太多的油。这道菜不辣，适合孩子吃。

原料

（2人份，1人份的热量 = 202 kcal）

沙参6根（120 g）、糯米粉3大勺、炒菜用油20 mL（食用油1大勺+苏子油1小勺）、盐1小勺（浸泡沙参用）

松仁汁

梨（或苹果）50 g、松仁4大勺（20 g）、炒过的盐（或竹盐）$\frac{1}{4}$小勺、香油$\frac{1}{4}$小勺

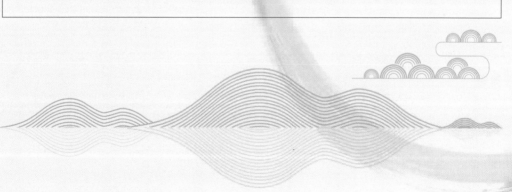

制作方法

1. 将沙参用流水洗净，去皮。
★沙参有黏液，处理时最好戴上一次性手套。

2. 将沙参用加了盐的水（1杯）浸泡10分钟左右，去除苦味。

3. 将沙参竖着对半切开，用擀面杖敲扁。

4. 将制作松仁汁的原料用料理机搅成糊状。

5. 将沙参攒在一起，用小勺均匀地浇上松仁汁，静置10分钟左右。

6. 往沙参两面均匀地撒上糯米粉。

7. 将锅烧热，倒入炒菜用油，转一圈，使锅里均匀地沾满油，用厨房纸巾吸去多余的油。放入沙参，小火两面各煎2分钟，至两面呈淡黄色。

煎杏鲍菇·
山药·藕

杏鲍菇用苏子油煎过后
外焦里嫩，藕和山药用苏子
油煎过后也很好吃。这道菜
可以搭配咸松仁食用，非常
适合招待客人。

原料

（2~3 人份，1 人份的热量 = 160 kcal）

杏鲍菇1个（80 g）、山药1段（80 g）、藕1段（80 g）、苏子油3大勺
咸松仁
松仁1大勺、炒过的盐（或竹盐）$\frac{1}{4}$小勺

制作方法

1. 将杏鲍菇洗净，切成 0.5 cm 厚的片。

2. 将山药用流水洗净，用刮皮器去皮，再用流水洗净，切成 0.5 cm 厚的片。
★山药的黏液沾到手上会引起瘙痒，处理时要戴上一次性手套。

3. 将藕用流水洗净，用刮皮器去皮，切成约 0.5 cm 厚的片。

4. 将松仁剁碎，放入炒过的盐，拌匀，咸松仁就做好了。

5. 将锅烧热，倒入 1 大勺苏子油，放入杏鲍菇，大火两面各煎 30 秒左右，至两面呈淡黄色，关火，装盘。

6. 将锅再次烧热，倒入 1 大勺苏子油，放入山药，小火两面各煎 1 分 30 秒，至两面呈淡黄色。用同样的方法处理藕。将杏鲍菇、山药和藕装盘，搭配咸松仁食用。

✳ 独家秘诀

可以用烤箱烤山药和藕。将烤箱预热到 170 ℃，铺上烘焙纸，放入切成片的山药和藕，烘烤 25 分钟左右，这样做出的山药和藕味道更好。

煎香菇

香菇是素食的常用原料,热量低,富含蛋白质和维生素,可以增强抵抗力、预防贫血。香菇用稍辣或稍咸的调料腌一下,再用苏子油煎几分钟,味道好极了。

原料

(2~3 人份,1 人份的热量 = 143 kcal)

干香菇6个、苏子油2小勺

酱油调味汁

蔬菜高汤(或水)6 大勺、韩式汤用酱油 2 大勺、糖稀(或糖浆、低聚糖)1 大勺、炒白芝麻 1 小勺、青梅酵素汁 1 小勺、苏子油1 小勺

辣椒调味酱

蔬菜高汤(或水)1 大勺、糖稀(或糖浆、低聚糖)1 大勺、辣椒酱2 大勺、炒白芝麻1小勺、青梅酵素汁1小勺、苏子油1小勺

制作方法

1. 将干香菇用温水（1½ 杯热水 +1½ 杯凉水）浸泡 20 分钟左右，挤干，去蒂。

2. 将制作酱油调味汁和辣椒调味酱的原料分别放到两只碗中，拌匀。

3. 用剪刀在每个香菇的菌盖边缘剪出 6~8 个 2 cm 长的豁口。

4. 往盛有酱油调味汁和辣椒调味酱的碗里各放 3 个香菇，腌 30 分钟左右。

5. 将锅烧热，倒入苏子油，放入用酱油调味汁腌过的香菇，中火煎 2 分 30 秒左右，倒入 ½ 的酱油调味汁，翻面后再煎 2 分钟左右。

6. 将锅洗净再次烧热，倒入苏子油，放入用辣椒调味酱腌过的香菇，小火两面各煎 1 分 30 秒左右。

＊ 独家秘诀

香菇既可以当作蔬菜高汤的原料，也可以剁碎用来制作拌饭酱等。

炸红薯杂菜紫菜卷

这道菜是利用家里常见的原料制作的，营养非常丰富。

原料

（2~3 人份，1 人份的热量 = 273 kcal）

紫菜4张（A4纸大小）、粉条$^{1}/_{2}$把（50 g）、红薯1个（200 g）、干香菇1个、菠菜1把（50 g）、胡萝卜30 g、青尖椒1个（可选）、红尖椒1个（可选）、淀粉2大勺、炒过的盐（或竹盐）少许、香油少许、食用油1大勺（炒菜用）、食用油3杯（600 mL，油炸用）、盐1小勺（焯菠菜用）

调料

水7大勺、生抽1大勺、白糖2小勺、炒白芝麻$^{1}/_{2}$小勺、苏子油$^{1}/_{2}$小勺、胡椒粉少许

炸粉

面粉$^{1}/_{2}$杯（50 g）、水$^{1}/_{2}$杯（100 mL）、淀粉1大勺、炒过的盐（或竹盐）$^{1}/_{2}$小勺

1

2

3

4

5

6

7

制作方法

1. 将干香菇用温水（1 杯热水 + 1 杯凉水）浸泡 20 分钟左右。将粉条用水浸泡 30 分钟左右，放到沸水中煮 5 分钟左右，捞出过凉水，沥干。

2. 将红薯洗净，用刮皮器去皮，切成 2 cm 见方的块，放到锅中，加水（1 杯），大火煮 10 分钟左右，捞出放到盆中，用小勺压成泥，放入炒过的盐和香油，拌匀。

3. 将菠菜洗净，放到加了盐的沸水（5 杯）中焯 30 秒左右，捞出过凉水，挤干，放入炒过的盐和香油，拌匀。将制作炸粉的原料放到盆中，拌匀。

4. 将胡萝卜切成 5 cm 长的段。将青尖椒和红尖椒竖着对半切开，去籽，切成 5 cm 长的细丝。将香菇挤干，去蒂，切成 0.5 cm 厚的片。

将制作调料的原料放到碗中，拌匀。

5. 将锅烧热，倒入食用油，放入步骤 4 中处理好的蔬菜，大火炒 30 秒左右，装盘。将锅再次烧热，放入调料和粉条，大火煮沸，收汁后，翻炒 1 分 30 秒左右，关火，倒入炒好的蔬菜，拌匀。

6. 将 $\frac{1}{4}$ 的红薯铺在一张紫菜上，放上适量菠菜和步骤 5 中炒好的 $\frac{1}{4}$ 的蔬菜，用力按压，将紫菜卷起来。用同样的方法再制作 3 个紫菜卷，每个紫菜卷都横着切成 4 等份，裹上淀粉和炸粉。

7. 将食用油倒在一口较深的锅里，烧至 180 ℃（即放入紫菜卷后，紫菜卷会立即浮起来），放入紫菜卷，炸 3 分 30 秒，捞出，放在厨房纸巾上吸去表面的油。

炸蔬菜

你可以根据个人喜好选择应季蔬菜制作炸蔬菜。制作时在炸粉中加一点儿冰，炸蔬菜的口感会更脆。如果冰融化使炸粉变稀，再加一点儿面粉即可。

原料

（3~4 人份，1 人份的热量 = 127 kcal）

艾蒿$^1/_5$把（10 g）、荠菜$^1/_2$把（10 g）、东风菜5棵（10 g）、短果茴芹6根（10 g）、南瓜40 g、带壳苏子1大勺（可选）、淀粉3大勺、食用油3杯（600 mL）

炸粉

面粉$^1/_2$杯（50 g）、水$^1/_2$杯（100 mL）、淀粉1大勺、炒过的盐（或竹盐）$^1/_2$小勺、冰$^1/_2$杯（50 g，可选）

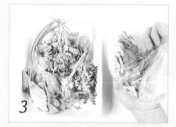

制作方法

1. 将艾蒿、荠菜、东风菜和短果茴芹洗净，沥干。将东风菜和短果茴芹切成 10 cm 长的段。将带壳苏子过筛，用流水冲洗，沥干。

2. 将南瓜洗净去瓤，带皮切成 0.5 cm 厚的片。

3. 将淀粉和蔬菜放到保鲜袋中，轻轻摇晃，使蔬菜均匀地裹上一层淀粉。

4. 将制作炸粉的原料放到盆中，拌匀。舀 3 大勺炸粉放到碗中，放入艾蒿、荠菜、东风菜和短果茴芹，使它们均匀地裹上一层炸粉。

★注意炸粉不要裹得太厚，否则蔬菜炸好后不够脆。

5. 将带壳苏子放到盛有炸粉的盆中，拌匀，放入南瓜，使南瓜均匀地裹上炸粉和带壳苏子。

6. 将食用油倒在锅里，烧至 180 ℃。放入艾蒿、荠菜、东风菜、短果茴芹和南瓜，分别炸 30 秒、1 分 30 秒、1 分钟、1 分钟和 3 分钟，捞出，全部放在厨房纸巾上吸去表面的油。

✳ 独家秘诀

　　炸蔬菜搭配用 2 大勺韩式汤用酱油和 2 大勺蔬菜高汤（或水）制作的调味汁更好吃。如果在制作调味汁时放入当归和枸杞等，大火煮沸，关火晾凉，调味汁的味道会更好。

香甜可口的主食

将米和面做成主食，搭配营养丰富的应季蔬菜食用，会让人很有满足感。这一章介绍了老人喜欢的粥和营养饭、孩子喜欢的饭团和紫菜包饭，以及素食意大利面、炸酱面等多种容易制作又好吃的健康主食。

荠菜饭

　　荠菜在深山中很容易找到。僧人常用荠菜制作丰富多样的菜品来补充膳食纤维。

★用其他锅代替炖锅制作营养饭的方法参考第21页。

原料

（2~3人份，1人份的热量 = 325 kcal）

精米1杯（160 g）、糙米¼杯（40 g）、荠菜2把（100 g）、胡萝卜40 g、香菇4个（100 g）、水1½杯（300 mL，煮饭用）

韩式汤用酱油拌饭酱

白糖1大勺、韩式汤用酱油2大勺、水2大勺、香油1大勺、炒白芝麻1小勺

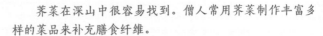

1

2

3

4

5

6

制作方法

1. 将精米和糙米洗净，用水（3 杯）浸泡 2 小时左右，捞出沥干。

2. 去掉荠菜的蔫叶和根，将荠菜放到水中轻轻揉搓，洗净。

3. 将胡萝卜洗净，将香菇洗净去蒂，都切成 0.5 cm 见方的丁。将荠菜切成 2 cm 长的段。

4. 将制作韩式汤用酱油拌饭酱的原料放到碗中，拌匀。

★搭配第 19 页的酱油拌饭酱也不错。

5. 将米和水放到锅中，大火煮 1 分钟左右，放入荠菜、香菇和胡萝卜。

6. 改为中火煮 2 分钟，再改为小火煮 15 分钟，关火。焖 5 分钟后装盘，搭配韩式汤用酱油拌饭酱食用。

＊独家秘诀

用陈米煮饭时放入 1 大勺牛奶，可以使米饭更有光泽。

荷叶饭

荷叶是素食的常用
原料，有抗菌和防腐的
作用。荷叶饭是一道具
有代表性的素食营养
饭，糯米饭筋道的口感
和清淡的荷叶香令人回
味无穷。在特别的日子
用荷叶饭来招待客人也
不错。

原料

（3人份，1人份的热量 = 433 kcal）

糯米2杯（320g）、荷叶3片、枣3颗、栗子仁3个、松子1大勺、银杏9粒、
食用油1小勺
盐水
水1大勺、盐¼小勺

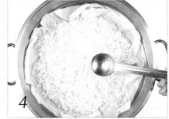

制作方法

1. 将糯米洗净，用水（3 杯）浸泡 2~3 小时，捞出沥干。

2. 将荷叶用干抹布或厨房纸巾擦干净。将制作盐水的原料放到碗中，拌匀。

3. 将枣去核。将栗子仁对半切开。将松子去壳。将锅烧热，倒入食用油，放入银杏，小火炒 5 分钟左右，放在厨房纸巾上，揉搓去皮。

4. 往蒸锅里加水，煮沸，将笼布打湿铺到蒸笼里，放入糯米，摊开，大火蒸 20 分钟左右，均匀地洒上盐水，再蒸 20 分钟左右。

5. 糯米晾凉后，取 $\frac{1}{3}$ 放在一片荷叶上，取枣、栗子仁、松仁和银杏各 $\frac{1}{3}$，放在糯米上。将荷叶下半部分向上折，两边向内折，从下往上卷起来。用同样的方法再制作两份荷叶饭。

6. 保留蒸锅中的沸水，另取一块笼布打湿铺到蒸笼里，放入荷叶饭，大火蒸 30~35 分钟。

✳ **独家秘诀**

　　荷叶有抗菌和防腐的作用，因此荷叶饭不容易变质，可以充当旅行、登山以及郊游时的食物。平时可以将荷叶饭装入保鲜盒，放入冰箱冷冻，食用前用微波炉加热 10 分钟左右即可。

山药饭

山药很适合烤着吃或煮着吃，口感像红薯。山药饭趁热搭配辣椒酱油拌饭酱食用，味道更好。

★用其他锅代替炖锅制作营养饭的方法参考第21页。

原料

（2~3人份，1人份的热量 = 301 kcal）

精米1杯（160 g）、糙米$\frac{1}{4}$杯（40 g）、山药1段（100 g）、水$1\frac{1}{2}$杯（300 mL，煮饭用）

辣椒酱油拌饭酱

青尖椒1个（剁碎）、红尖椒1个（剁碎）、生抽3大勺、炒白芝麻1小勺、白糖1小勺、辣椒面1小勺、香油1小勺

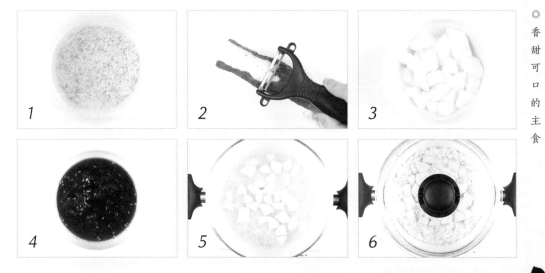

1　2　3

4　5　6

制作方法

1. 将精米和糙米洗净，用水（3 杯）浸泡 2 小时左右，捞出沥干。

2. 将山药用流水洗净，用刮皮器去皮，再用流水洗净。
★山药的黏液沾到手上会引起瘙痒，处理时要戴上一次性手套。

3. 将山药切成想要的大小，用水（2 杯）浸泡。
★将山药浸泡在水中可以防止褐变。

4. 将制作辣椒酱油拌饭酱的原料放到碗中，拌匀。
★搭配第 19 页的韩式汤用酱油拌饭酱也不错。

5. 将米、水和山药放到锅中。

6. 盖上锅盖，大火煮沸后改为中火煮 2 分钟，再改为小火煮 15 分钟左右，关火。焖 5 分钟后盛到碗中，搭配辣椒酱油拌饭酱食用。

❉ 独家秘诀

　　制作坚果山药饭：准备 2 大勺（20 g）坚果（银杏、松仁、栗子仁等），其他步骤不变，在步骤 5 中将坚果和山药一起放到锅里煮熟，风味独特的坚果山药饭就做好了。

　　制作不辣的拌饭酱：制作辣椒酱油拌饭酱时，不放青尖椒和红尖椒即可制成适合孩子食用的不辣的拌饭酱。

牛蒡香菇饭

牛蒡富含膳食纤维，能促进肠道蠕动、降低胆固醇。牛蒡香菇饭中有足量的香菇和甜脆的牛蒡，味道鲜美，营养丰富。

★用其他锅代替炖锅制作营养饭的方法参考第 21 页。

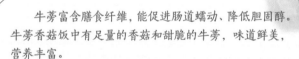

原料

（2~3 人份，1 人份的热量 = 303 kcal）

精米1杯（160 g）、糙米$\frac{1}{4}$杯（40 g）、干香菇3个、牛蒡1段（60 g）、韩式汤用酱油$\frac{1}{2}$小勺、苏子油$\frac{1}{2}$小勺、水$1\frac{1}{2}$杯（300 mL，煮饭用）、醋1小勺（浸泡牛蒡用）

酱油拌饭酱

白糖$\frac{1}{2}$大勺、生抽1大勺、水1大勺、香油$\frac{1}{2}$大勺、炒白芝麻1小勺、辣椒面$\frac{1}{2}$小勺（可选）

制作方法

1.将精米和糙米洗净，用水（3杯）浸泡2小时左右，捞出沥干。将干香菇用温水（$1\frac{1}{2}$杯热水 + $1\frac{1}{2}$杯凉水）浸泡20分钟左右。

2.将牛蒡用刀背去皮，洗净，切成5 cm长的段，用加了醋的水（2杯）浸泡5分钟左右。

3.将牛蒡切成细丝。将香菇挤干，去蒂，切成0.5 cm厚的片。将制作酱油拌饭酱的原料放到碗中，拌匀。

4.将牛蒡、香菇、韩式汤用酱油和苏子油放到盆中，用手拌匀，静置5分钟左右。

5.将锅烧热，放入步骤4中拌匀的原料，中火炒2分钟左右。

6.另取一锅，放入米、水和步骤5中炒好的原料，大火煮沸后改为中火煮2分钟，再改为小火煮15分钟左右，关火。焖5分钟后盛到碗中，搭配酱油拌饭酱食用。

干萝卜缨大酱饭

干萝卜缨是将新鲜萝卜缨晾干制成的，富含矿物质。将干萝卜缨用水洗净，去掉表面的粗纤维，这样制作出的干萝卜缨大酱饭口感比较柔软。

★用其他锅代替炖锅制作营养饭的方法参考第21页。

原料

（2~3人份，1人份的热量 = 323 kcal）

干萝卜缨40 g（泡发后200 g）、精米1杯（160 g）、糙米$1/4$杯（40 g）、大酱1大勺、韩式汤用酱油$1/2$大勺、苏子油1小勺

★干萝卜缨的挑选和保存方法参考第7页。

蔬菜高汤（$1^1/_2$杯，300 mL）
水$2^1/_2$杯（500 mL）、干香菇2个（泡发）、海带1片（5 cm×5 cm）
辣椒酱油拌饭酱
青尖椒1个（剁碎）、红尖椒1个（剁碎）、生抽3大勺、炒白芝麻1小勺、白糖1小勺、辣椒面1小勺、香油1小勺

制作方法

1. 将干萝卜缨用流水洗净，用温水浸泡 6 小时，放到锅中，加水（10 杯），大火煮沸后再煮 30~40 分钟，关火。静置 12 小时左右。

2. 将精米和糙米洗净，用水（3 杯）浸泡 2 小时左右，捞出沥干。

3. 将制作蔬菜高汤的原料放到锅中，大火煮沸后捞出海带，改为小火煮 10 分钟后捞出香菇。

4. 将干萝卜缨用水洗 2~3 次，去掉表面的粗纤维，挤去大部分水，切成 3 cm 长的条。将从蔬菜高汤中捞出的香菇挤干，去蒂，切成 0.5 cm 厚的片。

5. 将干萝卜缨、香菇、大酱、韩式汤用酱油和苏子油放到盆中，用手拌匀，静置 10 分钟左右。

6. 将制作辣椒酱油拌饭酱的原料放到碗中，拌匀。

7. 另取一锅，放入米、蔬菜高汤和步骤 5 中拌匀的原料，大火煮沸后改为中火煮 2 分钟，再改为小火煮 15 分钟左右，关火。焖 5 分钟后盛到碗中，搭配辣椒酱油拌饭酱食用。

东风菜饭

东风菜是一种富含β-胡萝卜素和矿物质的成碱性食物。制作东风菜饭时，用蔬菜高汤代替水，成品味道更好，营养价值更高。

★用其他锅代替炖锅制作营养饭的方法参考第 21 页。

原料

（2~3 人份，1 人份的热量 = 323 kcal）

干东风菜25 g（泡发后100 g）、大米1杯（160 g）、糯米$^1/_4$杯（40 g）、香菇3个（75 g）、苏子油1大勺、韩式汤用酱油1小勺、水（或蔬菜高汤）$1^1/_2$杯（300 mL，煮饭用）

辣椒酱油拌饭酱

青尖椒$^1/_4$个（剁碎）、红尖椒$^1/_4$个（剁碎）、生抽$1^1/_2$大勺、炒白芝麻1小勺、白糖$^1/_2$小勺、辣椒面$^1/_4$小勺、香油$^1/_2$小勺

1

2

3

4

5

制作方法

1. 将干东风菜用水（5杯）浸泡6小时左右（中间换一次水）。将大米和糯米用水（3杯）浸泡2小时左右，捞出沥干。

2. 将制作辣椒酱油拌饭酱的原料放到碗中，拌匀。将香菇洗净去蒂，切成0.5cm厚的片。将东风菜洗净，去掉较硬的茎，挤干。

3. 将东风菜、香菇、苏子油和韩式汤用酱油放

到盆中，用手拌匀，静置10分钟左右。

4. 将锅烧热，放入步骤3中拌匀的原料，中火炒1分钟左右。

5. 另取一锅，放入米、水和步骤4中炒好的原料，大火煮沸后改为中火煮2分钟，再改为小火煮15分钟左右，关火。焖5分钟后盛到碗中，搭配辣椒酱油拌饭酱食用。

✽ 独家秘诀

用涂层较好、底部较厚的锅煮饭不容易煳底。最好不要用太大的锅。

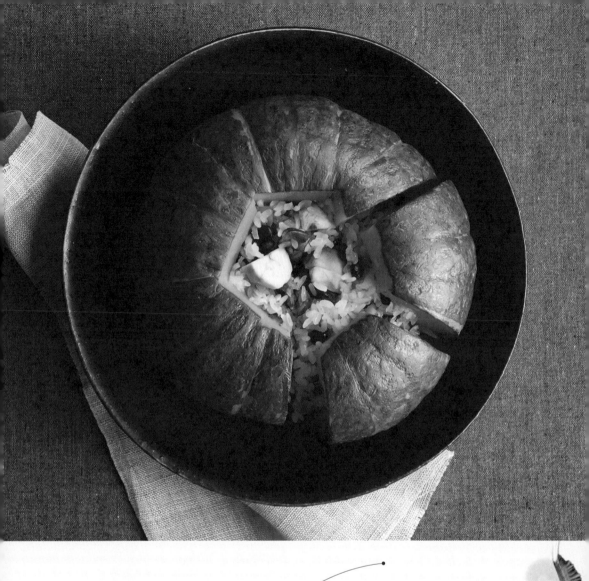

黑豆南瓜饭

往南瓜里放满糯米、黑豆、枣以及栗子仁等蒸熟，有营养的黑豆南瓜饭就做好了。南瓜味甜，水分少，富含β–胡萝卜素，可以延缓衰老，蒸着吃非常好吃。

原料

（2~3 人份，1 人份的热量 = 424 kcal）
南瓜1个（800 g）、糯米1杯（160 g）、黑豆2大勺（20 g）、枣3颗、栗子仁3个
盐水
水1大勺、盐$\frac{1}{4}$小勺

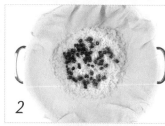

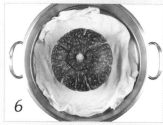

制作方法

1. 将糯米（用 3 杯水）和黑豆（用 1 杯水）分别浸泡 2~3 小时，捞出沥干。将制作盐水的原料放到碗中，拌匀。

2. 往蒸锅里加水，煮沸，将笼布打湿铺在蒸笼里，放入糯米和黑豆，摊开，大火蒸 15 分钟左右，均匀地洒上盐水，再蒸 15 分钟左右。

3. 将南瓜洗净，在顶部中间挖下五角形或六角形的一块做盖子，去瓤。

4. 将栗子仁对半切开。将枣去核。

5. 往南瓜里放满糯米、黑豆、枣和栗子仁，盖上盖子。

6. 保留蒸锅中的沸水，另取一块笼布打湿铺在蒸笼里，放入南瓜，大火蒸 35~40 分钟，南瓜熟透后关火。

★用筷子能够轻易扎透，就说明南瓜熟透了。

＊ 独家秘诀

　　制作特别的南瓜饭的方法：将南瓜洗净，切成想要的形状。将南瓜、蒸好的糯米饭和黑豆、枣、栗子仁拌匀，放到蒸锅里，大火蒸 35~40 分钟即可。

三色藕饭

藕是素食的代表性原料。将糯米饭分别与剁碎的胡萝卜、黑芝麻和绿茶粉混合，再放入藕，蒸熟，三色藕饭就做好了。

原料

（2人份，1人份的热量 = 241 kcal）

糯米1杯（160 g）、藕1段（150 g）、胡萝卜20 g、炒黑芝麻$\frac{1}{2}$大勺、绿茶粉$\frac{1}{2}$小勺、炒过的盐（或竹盐）少许、醋1大勺（浸泡藕用）

盐水

水1大勺、盐$\frac{1}{4}$小勺

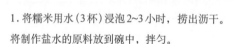

制作方法

1. 将糯米用水(3杯)浸泡2~3小时，捞出沥干。将制作盐水的原料放到碗中，拌匀。

2. 往蒸锅里加水，煮沸，将笼布打湿铺在蒸笼里，放入糯米，摊开，大火蒸15分钟左右，均匀地洒上盐水，再蒸15分钟左右。

3. 将藕用流水洗净，用刮皮器去皮，用加了醋的水(5杯)浸泡5分钟左右，切成三角形的块。

4. 将胡萝卜洗净剁碎。将炒黑芝麻放到保鲜袋中，用擀面杖压碎。将胡萝卜、炒黑芝麻和绿茶粉分别放到3只碗中。

5. 将糯米饭分成3等份，分别与黑芝麻、绿茶粉和胡萝卜混合，再分别放入$\frac{1}{3}$的藕和少许炒过的盐，拌匀。

6. 保留蒸锅中的沸水，另取一块笼布打湿铺在蒸笼里，放入糯米饭，大火蒸35分钟左右。

* 独家秘诀

将糯米用水浸泡2~3小时，捞出沥干，分成3等份，分别与剁碎的胡萝卜、黑芝麻和绿茶粉混合。将藕横着切成3截，将每截的一头包上保鲜膜，将混合了胡萝卜、黑芝麻和绿茶粉的糯米分别塞入3截藕的藕眼，用筷子压实。将藕放入蒸锅蒸35分钟左右，晾凉后切成1 cm 厚的片，与众不同的三色藕饭就做好了。

三种蔬菜饭团

三种蔬菜饭团风味独特，搭配坚果饭团酱，味道更好。绿色蔬菜要用加了盐的沸水稍微焯一下，这样蔬菜的颜色会更鲜亮，其中的营养成分也不会被破坏。

原料

（2~3 人份，1 人份的热量 = 318 kcal）

精米1杯（160 g）、糙米$1/4$杯（40 g）、西蓝花$1/4$个（70 g）、楤木芽4个（50 g）、东风菜叶10片、香菇1个（25 g）、胡萝卜20 g、炒过的盐（或竹盐）少许、香油少许、水$1 1/2$杯（300 mL，煮饭用）、盐$1/2$大勺（焯蔬菜用）

米饭调料

香油1大勺、炒过的盐（或竹盐）$1/3$小勺、炒白芝麻1小勺

坚果饭团酱

大酱1大勺、坚果碎（杏仁碎、花生仁碎、核桃仁碎等）1小勺、辣椒酱1小勺、苏子油$1/2$小勺

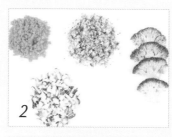

制作方法

1. 将精米和糙米用水（3杯）浸泡2小时左右，捞出沥干。

2. 将胡萝卜洗净，切成0.5 cm见方的丁。将香菇洗净去蒂，切成0.5 cm见方的丁。将西蓝花洗净，竖着切出0.5 cm厚的4片，将剩下的西蓝花剁碎。

3. 将楤木芽和东风菜叶洗净，和4片西蓝花一起放到加了盐的沸水（6杯）中焯30秒，捞出过凉水。将楤木芽和东风菜叶挤干，将西蓝花沥干。

4. 将制作坚果饭团酱的原料放到碗中，拌匀。将楤木芽和东风菜叶放到盆中，放入炒过的盐和少许香油，用手拌匀。

5. 将米和水放到锅中，大火煮沸后改为中火煮2分钟，再改为小火煮15分钟左右，关火。放入剁碎的胡萝卜、香菇和西蓝花，拌匀，盖上锅盖，焖5分钟左右。

6. 将米饭调料放到米饭中，拌匀。取适量米饭，团成一口大小，放上少许坚果饭团酱。将西蓝花和楤木芽分别放在坚果饭团酱上。将没有放西蓝花和楤木芽的饭团用东风菜叶包起来。

蘑菇调味酱
包饭拌盘

蘑菇调味酱风味独特，里面有各种蔬菜，可以搭配包饭食用，也可以放在大酱汤中调味，还可以做拌饭酱。

原料

(2~3 人份，1 人份的热量 = 264 kcal)

米饭2碗（400 g）、卷心菜叶3片（手掌大小，90 g）、辣白菜叶2片（80 g）、其他蔬菜叶（皱叶生菜、甜菜叶、苏子叶、黑芥叶等）6片（包饭用）、海带1片（包饭用，50 g）

米饭调料

炒过的盐（或竹盐）$\frac{1}{4}$小勺、炒白芝麻1小勺、香油1小勺

蘑菇调味酱

杏鲍菇$\frac{1}{3}$个（30 g，或香菇1个，或平菇$\frac{1}{2}$把）、土豆20 g、西葫芦20 g、青尖椒$\frac{1}{2}$个、红尖椒$\frac{1}{2}$个、食用油$\frac{1}{2}$小勺、水$\frac{1}{2}$杯（100 mL）、大酱5大勺

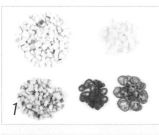

制作方法

1. 将杏鲍菇洗净切丁。将土豆洗净，用刮皮器去皮，切成 0.5 cm 见方的丁。将西葫芦洗净，切成 0.5 cm 见方的丁。将青尖椒和红尖椒洗净剁碎。

2. 将锅烧热，倒入食用油，放入步骤 1 中处理好的原料，中火炒 1 分 30 秒左右，放入水和大酱，不停地用铲子翻动，再炒 4 分钟左右，蘑菇调味酱就做好了。

3. 往蒸锅里加水，煮沸，将笼布打湿铺在蒸笼里，放入卷心菜叶，大火蒸 10 分钟左右。

4. 将辣白菜叶洗净，挤干。将其他蔬菜叶放到沸水（4 杯）中焯 30 秒左右，捞出过凉水，挤干。放入海带焯 30 秒左右，捞出沥干。

5. 将米饭和米饭调料放到盆中，拌匀。

6. 将适量蘑菇调味酱和米饭分别放在卷心菜叶、辣白菜叶和其他蔬菜叶上，卷起来，切成一口大小。将剩余的米饭铺在海带上，卷起来，切成一口大小，再放上蘑菇调味酱。

✳ 独家秘诀

　　制作蘑菇调味酱时容易煳锅，要不停地用铲子翻动。自制大酱的味道各不相同，如果使用自制大酱制作蘑菇调味酱，要边尝咸淡边一点点加入自制大酱。

豆腐蘑菇饭团

豆腐蘑菇饭团是用营养丰富的蘑菇、富含蛋白质的豆腐以及米饭制作的，适合孩子食用，作为早饭也很合适。蘑菇与豆腐味道清淡，搭配香味独特的苏子油以及稍咸的烤紫菜非常好吃。

★用其他锅代替炖锅制作营养饭的方法参考第21页。

原料

（2~3人份，1人份的热量 = 456 kcal）
精米1$\frac{1}{2}$杯（240 g）、糙米$\frac{1}{2}$杯（80 g）、平菇$\frac{1}{2}$把（30 g）、金针菇30 g、北豆腐1块（150 g）、烤紫菜$\frac{1}{2}$杯（10 g）、水2$\frac{1}{4}$杯（450 mL，煮饭用）、炒过的盐（或竹盐）$\frac{1}{2}$小勺、苏子油1小勺

制作方法

1. 将精米和糙米用水（3 杯）浸泡 2 小时左右，捞出沥干。

2. 将金针菇和平菇洗净，去根，将金针菇切碎，将平菇切成 0.5 cm 见方的丁。

3. 将北豆腐用刀的侧面压碎，用湿棉布包裹，挤干。

4. 将米和水放到锅中，大火煮 1 分钟左右，煮沸后改为中火煮 2 分钟，再改为小火煮 15 分钟左右，关火。将平菇、金针菇和北豆腐铺在米饭上，盖上锅盖，焖 5 分钟左右。

5. 将米饭、烤紫菜、炒过的盐和苏子油放到盆中，拌匀，分成 5 等份，做成饭团。

★如果不想制作饭团，也可以直接食用。

✳ 独家秘诀

　　制作豆腐平菇饭团的方法：将锅烧热，倒入 1 小勺苏子油，放入平菇和 1/3 小勺炒过的盐，中火炒 1 分钟左右，用炒过的平菇代替生的平菇和金针菇铺在米饭上，做成饭团。

　　制作烤紫菜的方法：将 5 张 A4 纸大小的紫菜撕成边长 2~3 cm 的小片，放入 1 小勺炒白芝麻、1 $\frac{1}{3}$ 小勺糖、2/3 小勺盐和 1 $\frac{1}{2}$ 大勺香油，拌匀，放到烧热的锅中，中火炒 2~3 分钟。

豆腐萝卜干紫菜包饭

豆腐萝卜干紫菜包饭是用北豆腐、萝卜干、香菇、菠菜和紫菜等原料制作的。可以用腌黄瓜代替萝卜干。

原料

（2人份，1人份的热量 = 297 kcal）

米饭$1^1/_2$碗（300 g）、北豆腐1块（150 g）、盐少许（腌北豆腐用）、干香菇2个、菠菜1把（50 g）、萝卜干$^1/_2$杯（60 g）、紫菜2张（A4纸大小）、芝麻叶6片、炒菜用油20 mL（食用油1大勺+苏子油1小勺）、盐1小勺（焯菠菜用）

香菇调料

苏子油1小勺、炒过的盐（或竹盐）少许

菠菜调料

炒过的盐（或竹盐）$^1/_4$小勺、香油$^1/_2$小勺

米饭调料

香油1大勺、炒白芝麻1小勺、炒过的盐（或竹盐）$^1/_4$小勺

制作方法

1. 将北豆腐切成 8 cm 长、1.5 cm 宽、1.5 cm 厚的块，撒上盐，腌 10 分钟左右，用厨房纸巾吸去渗出的水。将干香菇用温水（2 杯）泡 20 分钟，挤干，去蒂，切成 0.5 cm 厚的片。

2. 去掉菠菜的蔫叶和根，将菠菜洗净后放到加了盐的沸水（5 杯）中焯 30 秒左右，过凉水，挤干。

3. 将香菇和香菇调料放到碗中，拌匀。将菠菜和菠菜调料放到盆中，拌匀。

4. 将锅烧热，倒入炒菜用油，放入北豆腐，中火煎 5 分钟左右，直至上下两面都呈淡黄色，装盘。将锅再次烧热，放入香菇，中火炒 1 分钟左右。

5. 将米饭和米饭调料放到盆中，拌匀。

6. 将 $\frac{1}{2}$ 的米饭放在一张紫菜上，摊开，使米饭占紫菜面积的 $\frac{2}{3}$。在米饭上放 3 片芝麻叶，再放上北豆腐、菠菜、香菇和萝卜干各 $\frac{1}{2}$，卷起紫菜，切成一口大小。用同样的方法再制作一份紫菜卷。

柚子萝卜酱菜饭团

柚子萝卜酱菜饭团是用脆脆的黄瓜、微酸的柚子酵素汁以及微咸的萝卜酱菜等原料制作的，老少皆宜，用来招待客人也不错。还可以将萝卜酱菜和黄瓜剁碎，放在饭团顶部做装饰。

原料

（2人份，1人份的热量 = 296 kcal）

糙米饭 $1\frac{1}{2}$ 碗（300 g）、紫菜 $1\frac{1}{2}$ 张（A4纸大小）、萝卜酱菜（或腌黄瓜）60 g（剁碎后 $\frac{1}{2}$ 杯）、黄瓜 $\frac{1}{4}$ 根（50 g）、柚子酵素汁 $\frac{2}{3}$ 大勺（10 g）、香油1小勺

米饭调料

炒过的盐（或竹盐）$\frac{1}{3}$ 小勺、香油1小勺

1

2

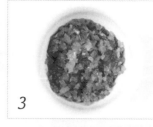

3

4

5

6

制作方法

1. 将紫菜裁成大小相同的 6 张。

2. 将萝卜酱菜剁碎。将黄瓜洗净剁碎。
★将剁碎的萝卜酱菜和黄瓜留出一小部分最后用来装饰饭团。

3. 将萝卜酱菜和柚子酵素汁放到碗中，拌匀。

4. 将糙米饭和米饭调料放到盆中，用铲子拌匀，放入黄瓜和步骤 3 中拌好的原料，拌匀。

5. 在长宽均为 12 cm 的模具里放 1 张紫菜，将 $\frac{1}{4}$ 的糙米饭均匀地摊在上面，压实，将 1 张紫菜盖在上面。再将 $\frac{1}{4}$ 的糙米饭摊在上面，压实，最后将 1 张紫菜盖在最上面。用同样的方法再制作一个饭团。

6. 在刀刃上涂抹少许香油，将两个饭团分别切成 4 等份，用萝卜酱菜和黄瓜装饰饭团。

✽ 独家秘诀

柚子萝卜酱菜饭团可以用制作饭团用的模具制作，也可以像做紫菜包饭一样卷成卷，再切成一口大小。切的时候不要让里边的东西掉出来，切之前最好在刀刃上涂抹少许香油。

蘑菇寿司

拼盘

蘑菇是素食中经常用到的原料，它能够降低胆固醇、帮助身体排出毒素、促进血液循环、提高免疫力。

原料

（2人份，1人份的热量 = 292 kcal）

热米饭$1^1/_2$碗（300 g）、香菇2个（50 g）、口蘑2个（40 g）、杏鲍菇$^1/_2$个（40 g）、平菇$^1/_2$把（30 g）、枣适量、水芹3根（可选）、苏子油2小勺、青芥辣少许、盐$^1/_2$小勺（焯水芹用）

盐水

水1大勺、盐$^1/_4$小勺

糖醋盐水

白糖$1^1/_2$大勺、醋$1^1/_2$大勺、柠檬汁（或柚子汁）1大勺、炒过的盐（或竹盐）$^1/_4$小勺

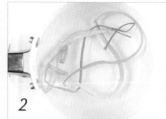

制作方法

1. 将枣去核，每颗切成 3 等份。将平菇去根洗净，一朵一朵撕开。将香菇和口蘑洗净去蒂，将杏鲍菇洗净，都切成 0.5 cm 厚的片。将制作糖醋盐水的原料放到碗中，拌匀。

2. 去掉水芹的叶子，将水芹用流水洗净，放到加了盐的沸水（3 杯）中焯 30 秒左右，捞出过凉水。将制作盐水的原料放到碗中，拌匀。

3. 往蒸锅里加水，煮沸，将笼布打湿铺在蒸笼里，放入香菇和杏鲍菇，均匀地撒上盐水，大火蒸 5 分钟左右。

4. 另取一锅烧热，倒入 1 小勺苏子油，放入平菇，中火炒 2 分钟左右，装盘。用同样的方法处理口蘑。

5. 将热米饭放到盆中，加一点儿糖醋盐水，拌匀，团成一口大小（约 20 g）的饭团。

6. 往每个饭团顶部都抹上青芥辣，分别放上香菇、杏鲍菇和平菇，用水芹将平菇捆在饭团上。将口蘑和枣间隔码在剩下的饭团上。

＊ 独家秘诀

　　米饭太软的话，就很难捏出寿司的形状，因此要视情况向米饭中添加糖醋盐水。蘑菇蒸得太久的话吃起来比较硬，因此要按菜谱要求的时间蒸。

桔梗寿司

桔梗富含膳食纤维、矿物质和皂苷，是一种能提高免疫力、有益于支气管健康的成碱性食物。桔梗微苦，大麦清香，二者放在一起制成的桔梗寿司风味独特。

★用其他锅代替炖锅制作营养饭的方法参考第 21 页。

原料

（2 人份，1 人份的热量 = 327 kcal）

大米$^2/_3$杯（100 g）、大麦$^1/_3$杯（50 g）、桔梗3棵（50 g）、水1$^1/_2$杯（300 mL，煮饭用）、萝卜芽少许（可选）、盐1大勺

糖醋盐水

白糖1$^1/_2$大勺、醋1$^1/_2$大勺、柠檬汁（或柚子汁）1大勺、炒过的盐（或竹盐）$^1/_3$小勺

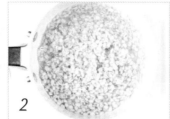

1

2

3

4

5

6

制作方法

1. 将大米（用2杯水）和大麦（用1杯水）分别浸泡2小时左右。

★如果用热米饭（2碗，400 g）制作寿司，就可以省略步骤1、2和4。

2. 将大麦和水（1杯）放到锅中，大火煮15分钟左右，捞出沥干。

3. 将制作糖醋盐水的原料放到碗中，拌匀。将处理好的桔梗沥干，切成0.5 cm见方的丁。

★处理桔梗的方法参考第11页。

4. 另取一锅，放入大米和大麦，加水，大火煮1分钟左右，煮沸后改为中火煮2分钟，再改为小火煮15分钟左右，关火。放入桔梗，盖上锅盖，焖5分钟左右。

5. 米饭晾凉后，放入一点儿糖醋盐水，拌匀。

6. 将步骤5中拌匀的米饭团成一口大小的球，用萝卜芽装饰。

✳ **独家秘诀**

　　如果没有大麦，可用等量的糙米或粳米代替。如果家里有现成的热米饭，也可以用2碗热米饭（400 g）来制作桔梗寿司。

黄瓜核桃寿司

黄瓜富含水分和维生素C，可以解渴、消除水肿以及帮助身体排出毒素。用爽脆的黄瓜制作的寿司很适合夏季食用。也可以用菠菜代替东风菜制作寿司。

原料

（2~3 人份，1 人份的热量 = 395 kcal）

热米饭2碗（400 g）、黄瓜2根（400 g）、核桃仁1杯（70 g）、东风菜（或菠菜）1把（50 g）、炒过的盐（或竹盐）少许、香油$^1/_2$小勺、青芥辣少许、盐$^1/_2$小勺（焯东风菜用）

糖醋盐水

白糖$1^1/_2$大勺、醋$1^1/_2$大勺、柠檬汁（或柚子汁）1大勺、炒过的盐（或竹盐）$^1/_3$小勺

 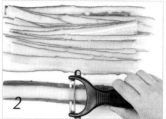 

制作方法

1. 将核桃仁用温水（1杯）浸泡10分钟左右，用牙签去皮。

2. 用刀去除黄瓜表面的刺，将黄瓜用流水洗净，切掉两头，用刮皮器削成薄片。

3. 去掉东风菜的蔫叶和根部较粗的部分，将东风菜洗净后放到加了盐的沸水（4杯）中焯30秒左右，捞出过凉水，沥干。

4. 将制作糖醋盐水的原料放到碗中，拌匀。将东风菜、香油和炒过的盐放到盆中，用手拌匀。

5. 将热米饭放到另一个盆中，加一点儿糖醋盐水，拌匀。

6. 取$\frac{1}{2}$的黄瓜，一片压住一片地铺在保鲜膜上，将$\frac{1}{2}$的米饭摊开放在黄瓜的下半部分，再放上核桃仁和东风菜各$\frac{1}{2}$，涂一点儿青芥辣，将黄瓜卷起来。卷的时候不要把保鲜膜卷进去，卷好后用保鲜膜固定形状，切成一口大小。用同样的方法再制作一份寿司。

✳ **独家秘诀**

黄瓜片太厚的话不容易卷起来，因此削黄瓜时要削得薄一些。

荠菜粥

荠菜是春季的一种代表性野菜，富含蛋白质和维生素，叶片含有的β-胡萝卜素有助于预防眼部疾病。荠菜粥可以让我们感受到春天的气息。

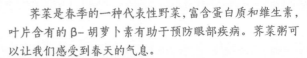
★用糙米饭代替生米煮粥的方法参考第 21 页。

原料

（2 人份，1 人份的热量 = 199 kcal）

糙米$\frac{1}{2}$杯（80 g）、荠菜2把（100 g）、香油1小勺、炒过的盐（或竹盐）$\frac{1}{2}$小勺（根据喜好增减）
蔬菜高汤（3 杯，600 mL）
水4杯（800 mL）、干香菇2个（泡发）、海带1片（5 cm×5 cm）

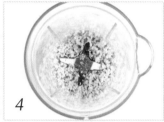

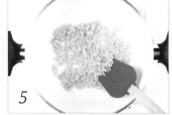

制作方法

1. 将糙米用水(2杯)浸泡2小时左右,捞出沥干。

2. 将制作蔬菜高汤的原料放到锅中,大火煮沸后捞出海带,改为小火煮10分钟后捞出香菇。

3. 去掉荠菜的蔫叶和根,将荠菜放到水中轻轻揉搓,洗净后切成1 cm长的段。

4. 将糙米用料理机磨至原体积的 $\frac{1}{3}$。

5. 将锅烧热,倒入香油,放入糙米,中火炒2分钟左右。

6. 倒入蔬菜高汤,大火煮沸后改为小火,煮20分钟左右,变稠后放入荠菜,再煮5分钟左右,用炒过的盐调味。

✳ 独家秘诀

　　煮粥时,荠菜放得太早的话容易变色,因此最好最后放荠菜。荠菜粥用炒过的盐或韩式汤用酱油调味即可。

辣白菜粥

艾蒿粥

艾蒿因有益于健康
而深受人们喜爱。为家
人做一次艾蒿粥吧。
★用糙米饭代替生米煮粥的方
法参考第21页。

艾蒿粥

原料

（2 人份，1 人份的热量 = 192 kcal）

糙米$^2/_3$杯（130 g）、艾蒿1把（50 g）、菠菜$^1/_2$把（20 g）、银杏10粒、蔬菜高汤6杯（1.2 L）、香油$^1/_2$大勺、炒过的盐（或竹盐）2小勺（根据喜好增减）

制作方法

1. 将糙米用水(2杯)浸泡2小时左右，捞出沥干，用料理机磨至原体积的$^1/_3$。将菠菜洗净，放入料理机，加蔬菜高汤（$^1/_2$杯）搅碎后用湿棉布包裹，挤出汁。

2. 将艾蒿用流水洗净，沥干。将锅烧热，放入银杏，小火炒5分钟，放在厨房纸巾上揉搓去皮，再切成小丁。

3. 将锅再次烧热，倒入香油，放入糙米，中火炒2分钟左右，放入剩余的蔬菜高汤，大火煮沸后改为小火煮20分钟左右，放入菠菜汁、艾蒿和银杏再煮5分钟，用炒过的盐调味。

辣白菜粥

原料

（2~3 人份，1 人份的热量 = 171 kcal）

大米（浸泡6小时）$^2/_3$杯（130 g）、黄豆芽$1^1/_2$把（80 g）、辣白菜$1^1/_3$杯（200 g）、香油$^1/_2$大勺、蔬菜高汤5杯（1 L）、辣白菜汤$^1/_2$杯（100 mL）、韩式汤用酱油1大勺、炒过的盐（或竹盐）$^1/_3$小勺（根据喜好增减）

制作方法

1. 将黄豆芽用流水洗净，沥干。将辣白菜切成0.5 cm 见方的丁。

2. 将锅烧热，倒入香油，放入大米，中火炒2分钟左右。

3. 倒入蔬菜高汤和辣白菜汤，大火煮沸后改为小火煮20分钟左右，放入辣白菜和黄豆芽再煮5分钟，用韩式汤用酱油和炒过的盐调味。

栗子粥

栗子粥口感细腻顺滑，味道香甜，大人小孩都喜欢。栗子营养丰富，富含维生素C，很适合煮粥。

★用糙米饭代替生米煮粥的方法参考第21页。

原料

（2人份，1人份的热量＝250 kcal）

糙米¹/₂杯（80 g），栗子仁12个（120 g）、香油1小勺、炒过的盐（或竹盐）¹/₂小勺（根据喜好增减）
蔬菜高汤（3杯，600 mL）
水4杯（800 mL）、干香菇2个（泡发）、海带1片（5 cm×5 cm）

 1

 2

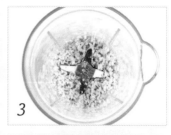 3

 4

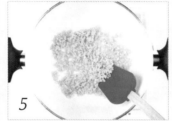 5

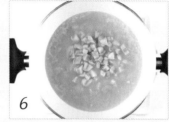 6

制作方法

1. 将糙米用水（$1^1/_2$ 杯）浸泡 2 小时左右，捞出沥干。

2. 将制作蔬菜高汤的原料放到锅中，大火煮沸后捞出海带，改为小火煮 10 分钟后捞出香菇。

3. 将泡好的糙米用料理机磨至原体积的 $^1/_3$。

4. 将栗子仁放到锅中，加水，没过栗子仁即可。

大火煮 15 分钟左右，捞出沥干，切成小块。

5. 另取一锅烧热，倒入香油，放入糙米，中火炒 2 分钟左右。

6. 倒入蔬菜高汤，大火煮沸后改为小火再煮 15 分钟，放入栗子仁，煮 10 分钟，用炒过的盐调味。

红薯粥

传说释迦牟尼因劳累倒下去的时候，有一个叫苏耶妲的女人用牛奶煮粥给他吃，帮他恢复了体力。红薯粥就是根据传说中的牛奶粥制作而成的。

★用糙米饭代替生米煮粥的方法参考第 21 页。

豆浆粥

香喷喷的豆浆粥风味独特，能增进食欲，和泡菜一起食用味道更好。

★用糙米饭代替生米煮粥的方法参考第 21 页。

豆浆粥

原料

（2~3 人份，1 人份的热量 = 395 kcal）

糙米1杯（160 g）、黄豆1杯（140 g）、水4杯（800 mL）、炒过的盐（或竹盐）2小勺（根据喜好增减）

制作方法

1. 将黄豆洗净，用水（4 杯）浸泡 6 小时以上。糙米用水（2 杯）浸泡 2 小时左右，捞出沥干。

2. 将黄豆揉搓去皮，放在沸水（4 杯）中煮 5 分钟左右，捞出沥干，用料理机磨碎。取出黄豆，放入糙米，磨至原体积的 $\frac{1}{3}$。

3. 将黄豆、糙米和水倒在锅中，大火煮沸后改为小火。糙米煮开花后，搅拌，再煮 25 分钟左右，用炒过的盐调味。

红薯粥

原料

（2 人份，1 人份的热量 = 328 kcal）

糙米 $\frac{1}{2}$ 杯（80 g）、红薯1个（200 g）、水3杯（600 mL）、牛奶1杯（200 mL）、炒过的盐（或竹盐）1小勺（根据喜好增减）

 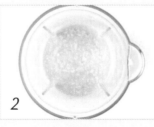 

制作方法

1. 将糙米用水（$1\frac{1}{2}$ 杯）浸泡 2 小时左右，捞出沥干。

2. 将红薯洗净放到锅中，加水，没过红薯即可，中火煮 25~30 分钟。将糙米、红薯和水（$\frac{1}{2}$ 杯）用料理机搅打成糊状。

3. 将步骤 2 中处理好的原料和水（$2\frac{1}{2}$ 杯）放到锅中，大火煮沸后改为小火，煮 15 分钟，倒入牛奶，再煮 10 分钟左右，用炒过的盐调味。

柚香荞麦面

用家中常见的蔬菜、筋道的荞麦面以及柚子酵素汁制作柚香荞麦面吧！柚子富含维生素和柠檬酸，能缓解消化不良，有助于消除疲劳。它特有的香气还能增进食欲。

原料

（2~3 人份，1 人份的热量 = 483 kcal）

荞麦面1把（300 g）、生菜叶2片（手掌大小，20 g）、芝麻叶1片（20 g）、梨（或苹果）80 g、黄瓜$\frac{1}{2}$根（100 g）、圣女果3个、黄豆芽20 g（可选）、豆苗5 g（可选）

柚子拌面酱

炒白芝麻1大勺、白糖4大勺、醋1$\frac{1}{2}$大勺、生抽6大勺、蜂蜜$\frac{1}{2}$大勺、柚子酵素汁2大勺、生姜汁$\frac{1}{2}$小勺

制作方法

1. 将制作柚子拌面酱的原料放到碗中，拌匀。

2. 将生菜叶洗净，切成 0.5 cm 宽的条。将芝麻叶洗净去柄，切成 0.5 cm 宽的条。
★提前将步骤 5 中煮荞麦面条的水煮沸。

3. 将梨洗净去皮，切成 0.5 cm 宽的条。将黄瓜洗净，切成 5 cm 长、0.5 cm 宽的条。将圣女果洗净，去蒂，对半切开。

4. 将黄豆芽和豆苗用流水冲洗，沥干。

5. 将荞麦面放到沸水（8 杯）中，根据包装袋上标注的时间煮面，捞出，多次过凉水，沥干。

6. 将荞麦面、生菜叶、芝麻叶、梨、黄瓜、圣女果、黄豆芽、豆苗和柚子拌面酱放到盆中，拌匀。

✳ 独家秘诀

在制作柚子拌面酱时加 3 大勺辣椒酱，辣味柚子拌面酱就做好了。

土豆豆浆面

　　用土豆丝代替面条，将富含植物蛋白和氨基酸的豆浆倒在土豆丝上，土豆豆浆面就做好了。这道菜味道清淡，非常好吃。

原料

（2~3 人份，1 人份的热量 = 442 kcal）

黄豆2杯（280 g）、煮过黄豆的水4杯（800 mL）、松仁1大勺、炒过的盐（或竹盐）$2/3$大勺（根据喜好增减）、土豆$1\frac{1}{2}$个（300 g）、黄瓜20 g、冰块少许、盐1小勺（焯土豆丝用）

1

2

3

4

5

6

制作方法

1. 将黄豆洗净，用水（6杯）浸泡6小时左右。

2. 将黄豆揉搓去皮，放到沸水（6杯）中，大火煮15~20分钟，捞出沥干。不要倒掉煮过黄豆的水。

3. 将黄豆晾凉，和煮过黄豆的水、松仁一起放到料理机中，搅打成较浓稠的液体，用炒过的盐调味，豆浆就做好了。将做好的豆浆放入冰箱冷藏。

4. 将土豆洗净，用刮皮器去皮，切成细丝。将黄瓜洗净，切成5 cm长的细丝。

5. 将土豆丝放到加了盐的沸水（5杯）中焯15秒左右，捞出过凉水，沥干。

6. 将豆浆倒在土豆丝上，加入冰块，铺上黄瓜丝，如果觉得味道淡可以再加一些炒过的盐调味。

★也可以将石花菜凉粉（400 g）切成细丝代替土豆丝。

❋ 独家秘诀

　　黄豆煮的时间太短会有腥味，煮的时间过长会发酸，因此要按菜谱要求的时间煮黄豆。如果黄豆散发豆香，嚼起来也比较软，就说明煮好了。将土豆丝放到加了盐的沸水中迅速焯一下，然后放在冰水中冷却，土豆丝吃起来就会很脆，也不容易褐变。

荷叶刀切面

荷叶可以降血脂、通便、缓解头痛和眩晕。荷叶刀切面有清淡的荷叶香，备受人们喜爱。

原料

（2人份，1人份的热量 = 756 kcal）

土豆2个（400 g）、荷叶1片、面粉3杯（300 g）、水1杯（200 mL）、炒过的盐（或竹盐）$\frac{1}{3}$小勺（给面团调味用）、菠菜$\frac{1}{2}$把（30 g）、西葫芦$\frac{1}{2}$个（140 g）、胡萝卜25 g（可选）、面粉1大勺（防粘用）、韩式汤用酱油1大勺、炒过的盐（或竹盐）1小勺（给汤调味用，根据喜好增减）

蔬菜高汤（7杯，1.4 L）

水8杯（1.6 L）、干香菇4个（泡发）、海带3片（5 cm×5 cm）

1

2

3

4

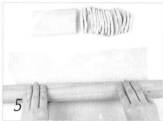
5

6

制作方法

1. 将制作蔬菜高汤的原料放到锅中，大火煮沸后捞出海带，改为小火煮 10 分钟后捞出香菇。

2. 将 1 个土豆洗净，用擦丝器擦成丝，用湿棉布包裹，挤干。荷叶用厨房纸巾擦净，放入料理机，加水（$\frac{1}{2}$ 杯），搅碎后用湿棉布包裹，挤出汁。

3. 将面粉、荷叶汁、土豆丝、水（$\frac{1}{2}$ 杯）、炒过的盐放到盆中，揉成面团，装入保鲜袋，放入冰箱冷藏 30 分钟左右。

4. 去掉菠菜的蔫叶，将菠菜洗净后沥干。将另一个土豆洗净，先切成 4 等份，再切成 0.5 cm 厚的片。将从蔬菜高汤中捞出的 1 个香菇挤干，去蒂，切成 0.5 cm 厚的片。将西葫芦洗净，先切成 4 cm 长的段，再切成 0.5 cm 宽的条。将胡萝卜也切成 0.5 cm 宽的条。

5. 往案板上撒面粉防粘，将面团用擀面杖擀成 0.3 cm 厚的面饼，卷起来，切成 0.5 cm 宽的面条。

6. 将蔬菜高汤倒在锅中，大火煮沸，放入面条和土豆，煮 5 分钟左右，放入菠菜、西葫芦、胡萝卜、香菇、韩式汤用酱油和炒过的盐，煮 2 分钟左右。

✳ **独家秘诀**

　　将面团放入冰箱冷藏 30 分钟左右，在步骤 5 中将面团尽量擀薄并做成长条形面片，在步骤 6 中将面片撕成一口大小放到蔬菜高汤中煮熟，荷叶片儿汤就做好了。

荠菜年糕汤

用年糕、荠菜、海带和干香菇等制作的荠菜年糕汤并没有使用特别的原料，但会散发出浓浓的香味。

原料

（2人份，1人份的热量 = 386 kcal）

年糕片3杯（300 g）、荠菜1½把（80 g）、胡萝卜20 g、韩式汤用酱油2大勺、炒过的盐（或竹盐）½小勺（根据喜好增减）

蔬菜高汤（6杯，1.2 L）

水7杯（1.4 L）、干香菇3个（泡发）、海带2片（5 cm×5 cm）

制作方法

1. 将制作蔬菜高汤的原料放到锅中，大火煮沸后捞出海带，改为小火煮 10 分钟后捞出香菇。

2. 去掉荠菜的蔫叶和根，将荠菜放到水中轻轻揉搓，洗净。

3. 将胡萝卜切成 6 cm 长、0.5 cm 宽的条。将从蔬菜高汤中捞出的 1 个香菇挤干，去蒂，切成 0.5 cm 厚的片。将从蔬菜高汤中捞出的 1 片海带切成 0.5 cm 宽的条。用刀将荠菜的底部竖着切开，将荠菜分成 2~4 等份。

4. 将蔬菜高汤倒在锅中，大火煮沸，放入年糕片，煮 2 分钟左右。

5. 放入荠菜、胡萝卜、韩式汤用酱油和炒过的盐，煮 2 分钟左右。放入香菇和海带，再煮 30 秒。

* 独家秘诀

可以用 $1^1/_2$ 把（80 g）艾蒿或者 35 根水芹代替荠菜，这样做出的年糕汤味道也不错。

水饺 蔬菜高汤

原料

（2人份，1人份的热量 = 221 kcal）

西葫芦$^1/_3$个（90 g）、土豆$^1/_2$个（100 g）、胡萝卜（30 g，可选）、韩式汤用酱油1大勺、炒过的盐（或竹盐）$^1/_2$小勺（根据喜好增减）

饺子

饺子皮16张（直径8 cm）、北豆腐1块（100 g）、粉条（浸泡30分钟左右）$^1/_3$把（30 g）、绿豆芽2把（100 g）、西葫芦$^1/_3$个（90 g）、盐$^1/_3$小勺（腌西葫芦用）、香菇1个、辣白菜1杯（150 g）

饺子馅调料

香油$^1/_2$大勺、炒过的盐（或竹盐）$^1/_2$小勺、炒白芝麻$^1/_2$小勺

蔬菜高汤（6杯，1.2 L）

水7杯（1.4 L）、干香菇3个（泡发）、海带2片（5 cm×5 cm）

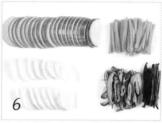

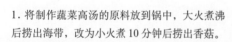

制作方法

1. 将制作蔬菜高汤的原料放到锅中，大火煮沸后捞出海带，改为小火煮 10 分钟后捞出香菇。

2. 将北豆腐用刀的侧面压碎，用湿棉布包裹，挤干。将粉条放在沸水（4 杯）中煮 5 分钟，捞出沥干，切成 1.5 cm 长的段。放入绿豆芽焯 1 分 30 秒左右，捞出过凉水，挤干，切成 1 cm 长的段。

3. 处理做饺子馅用的西葫芦和香菇：将西葫芦洗净，切成 0.5 cm 见方的丁，撒上盐腌 5 分钟左右；将香菇洗净去蒂，切成 0.5 cm 见方的丁。将辣白菜上原有的调料抖掉，切成 0.5 cm 见方的丁。

4. 将步骤 2、3 中处理好的原料放到盆中，放入饺子馅调料，拌匀，制成饺子馅。

5. 在一张饺子皮中间放 2 大勺饺子馅，将饺子皮边缘沾一点儿水，对折，捏紧，再将包好的饺子左右两端捏在一起。用同样的方法再制作几个饺子。

6. 将做汤用的西葫芦洗净，竖着对半切开，再切成 0.5 cm 厚的片。将土豆洗净，切成 4 等份，切成 0.5 cm 厚的片。将从蔬菜高汤中捞出的 1 个香菇挤干，去蒂，切成 0.5 cm 厚的片。将从蔬菜高汤中捞出的 1 片海带切成 0.5 cm 宽的条。

7. 将蔬菜高汤倒在锅里，大火煮沸后先放入土豆煮 1 分 30 秒，再放入饺子煮 3 分钟，最后放入西葫芦、胡萝卜、香菇、海带、韩式汤用酱油和炒过的盐煮 2 分 30 秒。

蘑菇土豆丸子汤

土豆含有较多的淀粉、蛋白质和维生素C。只用土豆就可以制作口感筋道、味道清淡的丸子，也可以根据个人喜好添加各种蘑菇。

原料

（2人份，1人份的热量 = 225 kcal）

土豆3个（600 g）、平菇2把（100 g）、西葫芦50 g、炒过的盐（或竹盐）1小勺、韩式汤用酱油1大勺

蔬菜高汤（5杯，1 L）

水6杯（1.2 L）、干香菇3个（泡发）、海带2片（5 cm×5 cm）

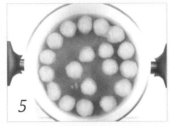

制作方法

1. 将制作蔬菜高汤的原料放到锅中，大火煮沸后捞出海带，改为小火煮 10 分钟后捞出香菇。

2. 将土豆洗净，用擦丝器擦成丝，用湿棉布包裹，将水挤到碗里，静置 20 分钟，待淀粉沉淀。

3. 将西葫芦洗净，竖着对半切开，切成 0.5 cm 厚的片。将平菇去根洗净，一朵一朵撕开。将从蔬菜高汤中捞出的 1 个香菇挤干，去蒂，切成 0.3 cm 厚的片。将从蔬菜高汤中捞出的 1 片海带切成 0.3 cm 宽的条。

4. 将碗里的水倒掉，将沉淀的淀粉、土豆丝和 $\frac{1}{2}$ 小勺炒过的盐放到盆中，拌匀，团成直径 2 cm 的丸子。

5. 将蔬菜高汤倒在锅里，大火煮沸后放入丸子，煮 3 分钟左右。

6. 将西葫芦、平菇、香菇、海带、韩式汤用酱油以及剩余的炒过的盐放到锅中，大火煮 2 分钟左右。

✳ **独家秘诀**

制作土豆丸子时要用擦丝器将土豆擦成丝，也可以用料理机将土豆搅碎。不过，如果用料理机将土豆搅碎，土豆会迅速发生褐变，土豆含有的膳食纤维会被破坏，土豆丸子吃起来就不那么筋道了。

茄子豆浆意大利面

意大利面是西方的一种代表性主食。意大利面搭配蘑菇等蔬菜食用，味道也不错。

原料

（2 人份，1 人份的热量 = 434 kcal）

意大利面2把（160 g）、盐1小勺（煮意大利面用）、土豆¹/₂个（100 g）、盐¹/₂小勺（给土豆调味用）、茄子1个（150 g）、口蘑2个（40 g）、豆浆2杯（400 mL）、橄榄油2大勺、炒过的盐（或竹盐）少许（炒菜用）、胡椒粉少许

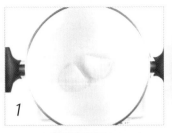
1

2

3

4

5

6

◎ 香甜可口的主食

制作方法

1. 将土豆洗净，用刮皮器去皮，对半切开，放到锅中，加水，没过土豆即可，放入盐，大火煮 10 分钟左右。

★提前将步骤 4 中煮意大利面的加了盐的水煮沸。

2. 将茄子洗净，横着对半切开，再竖着切成 6~8 等份。将口蘑洗净去蒂，切成 0.5 cm 厚的片。

3. 将土豆放到盆中，用小勺压成泥。

4. 将意大利面放到加了盐的沸水（8 杯）中煮，煮的时间比包装袋上标注的时间少 2 分钟即可，捞出沥干。

5. 将锅烧热，倒入 ½ 大勺橄榄油，放入口蘑，大火炒 30 秒，放入少许胡椒粉和炒过的盐，拌匀后装盘。将锅再次烧热，倒入 1 大勺橄榄油，放入茄子，大火炒 2 分 30 秒，放入胡椒粉和炒过的盐，拌匀后装盘。

6. 最后一次将锅烧热，倒入剩余的橄榄油，放入意大利面，大火炒 30 秒左右，放入豆浆和土豆，拌匀。煮沸后放入口蘑和茄子，煮 1 分钟左右，放入少许炒过的盐，关火。

★可以根据个人喜好增减炒过的盐的用量。

南瓜蘑菇意大利面

这道主食是为喜欢吃意大利面的孩子专门研发的。将香甜的南瓜和豆浆搅打成糊状，和平菇、口蘑一起放到意大利面中，这样做成的南瓜蘑菇意大利面非常好吃。蘑菇可以根据个人喜好添加。

原料

（2人份，1人份的热量 = 560 kcal）

意大利面2把（160 g）、南瓜80 g、口蘑5个（100 g）、平菇1把（50 g）、豆浆2杯（400 mL）、橄榄油2大勺、炒过的盐（或竹盐）少许（炒菜用）、胡椒粉少许（炒菜用）、盐1小勺（煮意大利面用）

1

2

3

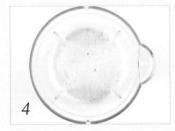
4

5

6

制作方法

1. 将平菇去根洗净，一朵一朵撕开。将南瓜洗净去皮去瓤，切成 0.3 cm 厚的片。将口蘑洗净去蒂，切成 0.5 cm 厚的片。

★提前将步骤 5 中煮意大利面的加了盐的水煮沸。

2. 将锅烧热，倒入 1/2 大勺橄榄油，放入平菇和口蘑，大火炒 1 分钟左右，放入少许胡椒粉和炒过的盐，拌匀后装盘。

3. 将锅再次烧热，倒入 1 大勺橄榄油，放入南瓜，大火炒 1 分钟左右，放入少许胡椒粉和炒过的盐调味。

4. 将南瓜和豆浆用料理机搅打成糊状。

5. 将意大利面放到加了盐的沸水（8 杯）中，煮的时间比包装袋上标注的时间少 2 分钟即可，捞出沥干。

6. 最后一次将锅烧热，倒入剩余的橄榄油，放入意大利面，大火炒 30 秒左右，再放入步骤 4 中处理好的原料，炒 1 分 30 秒左右，放入平菇和口蘑，炒 30 秒左右，用炒过的盐调味。

蔬菜炸酱面

原料

（2 人份，1 人份的热量 = 542 kcal）

乌冬面2袋（400 g）

蔬菜高汤（4 杯，800 mL）

水5杯（1 L）、干香菇3个（泡发）、海带2片（5 cm×5 cm）

水淀粉

淀粉2大勺、水$\frac{1}{4}$杯（50 mL）

炸酱

土豆$\frac{1}{4}$个（50 g）、胡萝卜$\frac{1}{10}$个（20 g）、西葫芦$\frac{1}{7}$个（40 g）、香菇1个（25 g）、卷心菜叶1片（手掌大小，20 g）、大酱$\frac{1}{2}$杯（100 g）、食用油2大勺、辣椒酱1大勺、炒过的盐（或竹盐）少许、胡椒粉少许

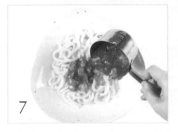

制作方法

1. 将制作蔬菜高汤的原料放到锅中，大火煮沸后捞出海带，改为小火煮 10 分钟后捞出香菇。将制作水淀粉的原料放到碗中，拌匀。

2. 将土豆、胡萝卜、西葫芦和香菇洗净，都切成 1.5 cm 见方的块。将卷心菜叶洗净，切成边长 1.5 cm 的片。

★提前将步骤 6 中煮乌冬面的水煮沸。

3. 将锅烧热，倒入 1 大勺食用油，放入土豆、胡萝卜、西葫芦、香菇和卷心菜叶，炒 2 分 30 秒左右，放入胡椒粉和炒过的盐，拌匀后装盘。

4. 将锅再次烧热，倒入剩余的食用油，放入大酱和辣椒酱，小火炒 2 分钟左右。

5. 放入蔬菜高汤和步骤 3 中炒好的原料，拌匀，大火煮沸后再煮 1 分钟左右，倒入水淀粉（倒之前搅拌一下），煮 1 分钟，炸酱就做好了。

6. 将乌冬面放到沸水中，按包装袋上标注的时间煮熟，捞出过凉水，沥干。

7. 将乌冬面盛到碗中，搭配炸酱食用。

❋ 独家秘诀

自制大酱可能比较咸，若用自制大酱制作炸酱，要将大酱的分量减为 $\frac{1}{3}$ 杯。

原汁原味的小菜

制作小菜时不使用「五辛」，调料也用得较少，因此小菜保留了原料本来的味道。这一章介绍了爽口的凉拌菜和酱菜等。为了使读者一年四季都能均衡地摄取营养，这一章还介绍了制作泡菜的方法。小菜是餐桌上不可或缺的美味。

凉拌西蓝花
香菇

西蓝花和香菇用青梅酵素汁、辣椒面、醋等制成的调料凉拌，非常开胃。西蓝花的花球和花梗一起用水焯一下，西蓝花的口感会更好。

凉拌防风草

一到春天，超市就会开始售卖防风草，它能缓解感冒，有降血压的功效。

凉拌西蓝花香菇

原料

（2~3 人份，1 人份的热量 = 98 kcal）

西蓝花1个（300 g）、香菇3个（75 g）、盐1小勺
（焯蔬菜用）

调料

辣椒面1大勺、醋3大勺、生抽$\frac{1}{2}$大勺、青梅酵素汁3
大勺、辣椒酱3大勺、炒白芝麻$\frac{1}{2}$小勺、香油1小勺

制作方法

1. 将西蓝花洗净，将花球切成 3 cm 见方的块，将花梗去皮，切成 0.5 cm 厚的片。将香菇洗净去蒂，切成 0.5 cm 厚的片。

2. 将香菇放到加了盐的沸水（5 杯）中焯 30

秒左右，捞出过凉水，挤干。放入西蓝花焯 1 分钟，过凉水，捞出沥干。

3. 将制作调料的原料放到盆中，拌匀后放入西蓝花和香菇，充分搅拌。

凉拌防风草

原料

（2~3 人份，1 人份的热量 = 53 kcal）

防风草7小把（150 g）、盐1小勺（焯防风草用）

调料

白糖$\frac{1}{2}$大勺、醋1$\frac{1}{2}$大勺、糖稀（或糖浆、低聚

糖）$\frac{1}{2}$大勺、大酱1$\frac{1}{2}$大勺、炒白芝麻$\frac{1}{2}$小勺、辣
椒酱$\frac{2}{3}$小勺、香油1小勺

制作方法

1. 去掉防风草的蔫叶和茎上的粗纤维，将防风草用水洗 2~3 次，沥干。

2. 将防风草放到加了盐的沸水（5 杯）中焯 1

分 30 秒左右，捞出过凉水，挤干。

3. 将制作调料的原料放到盆中，拌匀后放入防风草，再用手拌匀。

凉拌黄瓜

黄瓜含有较多水分且容易出水，出水后黄瓜的味道就会发生变化，因此做凉拌黄瓜时，不要一次性做太多。黄瓜切好后可以不用盐腌，直接凉拌即可。

凉拌蜂斗菜

春天收获的蜂斗菜柔软鲜嫩，微苦的味道能刺激味蕾，非常适合做凉拌菜。蜂斗菜用加了青梅酵素汁的调料凉拌，味道酸爽！

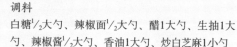

原
汁
原
味
的
小
菜

凉拌黄瓜

原料

（2~3 人份，1 人份的热量 = 57 kcal）

黄瓜1根（200 g）

调料

白糖$\frac{1}{2}$大勺、辣椒面$\frac{1}{2}$大勺、醋1大勺、生抽1大勺、辣椒酱$\frac{1}{2}$大勺、香油1大勺、炒白芝麻1小勺

1

2

3

制
作
方
法

1. 用刀去掉黄瓜表面的刺，将黄瓜洗净。

2. 将黄瓜切成 0.5 cm 宽的条。

3. 将制作调料的原料放到盆中，拌匀后放入黄瓜，再用手拌匀。

凉拌蜂斗菜

原料

（2~3 人份，1 人份的热量 = 45 kcal）

蜂斗菜2把（200 g）、炒白芝麻1小勺、盐1小勺（焯蜂斗菜用）

调料

青梅酵素汁$\frac{1}{2}$大勺，大酱1大勺、辣椒酱$\frac{1}{2}$小勺、香油1小勺

1

2

3

制
作
方
法

1. 去掉蜂斗菜的根和表面的粗纤维，将蜂斗菜洗净后沥干。

2. 将蜂斗菜放到加了盐的沸水（5 杯）中焯 1

分 30 秒左右，捞出过凉水，挤干。

3. 将制作调料的原料放到盆中，拌匀后放入蜂斗菜，再用手拌匀，最后撒上炒白芝麻。

凉拌楤木芽
煎饼

凉拌沙参
松仁

凉拌楤木芽煎饼
既有荞麦的香味，又
有楤木芽独特的味道，
吃起来十分清爽。

凉拌楤木芽煎饼

原料

（2人份，1人份的热量 = 137 kcal）
楤木芽8个（100 g，或西蓝花1/2个，或芦笋8根）、
苏子油1小勺、炒白芝麻1/2小勺、炒过的盐（或竹盐）
1/4小勺、香油1小勺、盐1/2小勺（焯楤木芽用）

面糊（用来做10张煎饼）
面粉1/2杯（50 g）、水1/2杯（100 mL）、苏子粉1小勺、炒过的盐（或竹盐）1/4小勺

制作方法

1. 将楤木芽下部分的外皮剥掉，用刀背去掉茎上的刺，去掉下部较硬的部分，放到加了盐的沸水（4杯）中焯30秒，捞出过凉水。

2. 将制作面糊的原料放到碗中，拌匀后过筛。将锅烧热，倒入苏子油，转一圈，使锅里均匀地沾满油，用厨房纸巾吸去多余的油，放入1大勺面糊，摊成薄饼，小火煎40秒，翻面再煎20秒。

3. 将煎饼切成1.5 cm宽的条，放到盆中，放入楤木芽、炒过的盐、香油和炒白芝麻，用手拌匀。

凉拌沙参松仁

原料

（2人份，1人份的热量 = 81 kcal）
去皮的沙参4根（80 g）、松仁2大勺（10 g）、炒过的盐（或竹盐）1小勺、香油1/3小勺、炒黑芝麻少许（可选）

腌沙参的调料
白糖1大勺、醋2大勺、炒过的盐（或竹盐）1小勺、水2大勺

制作方法

1. 将沙参洗净，竖着对半切开，用擀面杖敲扁后撕成细丝，倒入腌沙参的调料，腌10分钟左右，去除苦味。腌沙参的调料不要倒掉。

2. 将沙参挤干，放入炒过的盐和香油，拌匀。

将松仁剁碎，和2大勺腌沙参的调料一起放到沙参中，拌匀。

3. 将步骤2中拌匀的原料放到盆中，放入2大勺腌沙参的调料，拌匀，撒上炒黑芝麻。

拌炒萝卜

制作拌炒萝卜时，最好使用白萝卜的中段，这部分最甘甜。为了保持白萝卜清脆的口感和甘甜的味道，不要炒太久。

生拌白菜

白菜味甘，清脆爽口，适合做凉拌菜。腌太久的话，白菜吃起来就不那么清脆了，建议吃之前再腌。

生拌白菜

原料

（3~4 人份，1 人份的热量 = 76 kcal）

白菜叶（或娃娃菜叶）20片（200 g）、栗子仁1个（可选）

调料

炒白芝麻$\frac{1}{2}$大勺、白糖2大勺、辣椒面3大勺、醋2$\frac{1}{3}$大勺、柠檬汁1大勺、生抽4大勺、香油1大勺

 1

 2

 3

制作方法

1. 将栗子仁切片。将白菜叶一片片洗净，沥干，切成边长 3 cm 的片。

2. 将制作调料的原料放到碗中，拌匀。

3. 将白菜叶、栗子仁和调料放到盆中，用手拌匀。

拌炒萝卜

原料

（2~3 人份，1 人份的热量 = 70 kcal）

白萝卜1段（400 g）、盐$\frac{1}{2}$大勺（腌白萝卜用）、食用油1大勺、水5大勺、香油$\frac{1}{2}$大勺、炒白芝麻$\frac{1}{2}$小勺

 1

 2

 3

制作方法

1. 将白萝卜洗净去皮，切成 10 cm 长、0.5 cm 宽的条。

2. 将白萝卜和盐放到盆中，拌匀，腌 10 分钟。

3. 将锅烧热，倒入食用油，放入白萝卜，大火炒 1 分 30 秒。加水，炒 2 分钟左右。放入香油，炒 20 秒，关火，撒上炒白芝麻。

拌炒蕨菜

拌炒蕨菜是节日里不可或缺的一道凉拌菜。放入一大勺苏子油，拌炒蕨菜的味道会更香。

凉拌东风菜

东风菜放到加了盐的沸水中焯一下，用香油和炒过的盐凉拌，凉拌东风菜就做好了。这道凉拌菜十分爽口，而且保留了东风菜本来的味道。

拌炒蕨菜

原料

（2~3 人份，1 人份的热量 = 48 kcal）

煮过的蕨菜200 g、炒白芝麻½小勺

调料

生抽2大勺、蔬菜高汤（或水）4大勺、苏子油1大勺

制作方法

1. 将煮过的蕨菜捞出过凉水，去掉较硬的部分，切成 10 cm 长的段，沥干。

2. 将制作调料的原料放到盆中，拌匀后放入蕨菜，再用手拌匀。

3. 将锅烧热，放入步骤 2 中拌匀的原料，中火炒 2 分 30 秒，关火，撒上白芝麻。

凉拌东风菜

原料

（2~3 人份，1 人份的热量 = 40 kcal）

东风菜3把（150 g）、盐1小勺（焯东风菜用）

调料

香油1大勺、炒过的盐（或竹盐）⅓小勺、炒白芝麻½小勺

制作方法

1. 去掉东风菜的蔫叶和较硬的茎，将东风菜泡在水中轻轻揉搓，清洗 2~3 次，沥干。

2. 将东风菜用加了盐的沸水（6 杯）焯 1 分 30 秒左右，捞出过凉水，挤干。

3. 将制作调料的原料放到盆中，拌匀，放入东风菜，充分搅拌。

酱海带花生

酱海带花生非常好吃。你可以用从蔬菜高汤中捞出的海带制作这道小菜。

酱坚果

松仁、核桃仁等坚果富含不饱和脂肪酸，可补脑健脑。

酱海带花生

原料

（5~6 人份，1 人份的热量 = 135 kcal）

海带4片（20 g，10 cm×10 cm）、花生仁2杯（200 g）

调料

水4杯（800 mL）、白糖2大勺、生抽5大勺、糖稀（或糖浆、低聚糖）2大勺、苏子油1大勺

制作方法

1. 将海带用水（4 杯）浸泡 30 分钟，切成边长 1.5 cm 的片。

2. 将花生仁去皮，洗净，沥干。

3. 将花生仁和调料放到锅中，大火煮沸后改为小火煮 20 分钟，放入海带，中火煮 5 分钟左右。

酱坚果

原料

（3~4 人份，1 人份的热量 = 267 kcal）

核桃仁1杯（70 g）、松仁$\frac{1}{2}$杯

调料

水3大勺、生抽$1\frac{1}{2}$大勺、糖稀（或糖浆、低聚糖）4大勺、辣椒酱2大勺

制作方法

1. 将核桃仁放到沸水（3 杯）中焯 30 秒，捞出过凉水，沥干。将制作调料的原料放到碗中，拌匀。

2. 将锅烧热，放入核桃仁和松仁，中火炒 5 分

钟左右，装盘。

3. 将锅洗净，放入调料，中火煮沸后再煮 3 分钟，放入核桃仁和松仁，小火煮 2 分钟。

酱萝卜
海带

微甜的酱萝卜
海带吃起来别有风
味。把海带打个结，
看起来更美观。

酱南瓜

酱萝卜海带

原料

（2~3 人份，1 人份的热量 = 70 kcal）

白萝卜1段（300 g）

蔬菜高汤（2 杯，400 mL）

水3杯（600 mL）、干香菇2个（泡发）、海带1片（10 cm×10 cm）

调料

白糖1大勺、辣椒面1大勺、韩式汤用酱油1大勺、生抽1大勺、糖稀（或糖浆、低聚糖）1大勺、苏子油½大勺

制作方法

1. 将制作蔬菜高汤的原料放到锅中，大火煮沸后捞出海带，改为小火煮 10 分钟后捞出香菇。

2. 将蔬菜高汤和制作调料的原料放到盆中，拌匀。将白萝卜洗净，切成 1.5 cm 厚的片。将从蔬菜高汤中捞出的海带切成 1 cm 宽的条，再打个结。将从蔬菜高汤中捞出的 1 个香菇挤干，去蒂后切条。

3. 另取一锅，将步骤 2 中处理好的原料除海带外都放到锅中，大火煮沸后改为中火煮 15 分钟左右，放入海带，改为小火，煮 6 分钟左右。

酱南瓜

原料

（2~3 人份，1 人份的热量 = 156 kcal）

南瓜½个（450 g）、枣4颗、炒白芝麻少许（可选）

调料

水½杯（100 mL）、白糖½大勺、生抽1大勺、糖稀（或糖浆、低聚糖）1大勺、食用油1大勺

制作方法

1. 将南瓜洗净，竖着对半切开，去瓤，带皮切成边长约 3 cm 的三角形的块。

2. 将枣去核，每颗切成 4 等份。

3. 将调料和所有处理好的原料放到锅中，大火煮沸后改为中火煮6分钟，再改为小火煮5分钟，边煮边用铲子搅拌。装盘，撒上炒白芝麻。

柿饼拌炒萝卜丝

用甜甜的柿饼和爽口的白萝卜制作的凉拌菜味道很好。为了保持白萝卜清脆的口感，不要炒太久。柿饼拌炒萝卜丝做好后冷藏 2~3 天，味道更好。

原料

（3~4 人份，1 人份的热量 = 70 kcal）

白萝卜1段（200 g）、盐$\frac{1}{2}$大勺（腌萝卜用）、柿饼1个（30 g，或杏干2个）、食用油1大勺、辣椒面2大勺

柿饼调料

白糖1$\frac{1}{2}$大勺、醋2大勺

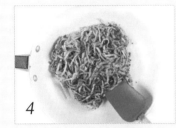

制作方法

1. 将白萝卜洗净去皮，切成 0.5 cm 宽的条。

2. 将白萝卜和盐放到盆中，拌匀，腌 5 分钟，捞出沥干，挤干。

3. 将柿饼去蒂，去核，拍扁，切成 0.5 cm 宽的条。将柿饼和柿饼调料放到碗中，拌匀。

4. 将锅烧热，倒入食用油，放入白萝卜，大火炒 1 分钟，放入辣椒面，拌匀，炒 10 秒钟，晾凉。

5. 将步骤 3 和 4 中处理好的原料放到盆中，用手拌匀。

✳ 独家秘诀

将 1 块（400 g）绿豆凉粉切成长 10 cm、宽 0.3 cm 的条，放到沸水中焯 1 分钟，捞出晾凉，放入盐、香油和剁碎的紫菜，拌匀。拌好的绿豆凉粉可以搭配柿饼拌炒萝卜丝食用。

藕黑芝麻煎饼　牛蒡煎饼　豆渣煎饼

藕黑芝麻煎饼

藕富含维生素 C 和膳食纤维，可以排毒养颜、预防便秘，还能预防贫血和高血压。制作藕黑芝麻煎饼时，可以将 $1/3$ 的藕切碎放到面糊里，这样制作的煎饼口感更脆。

原料

（3~4 人份，1 人份的热量 = 187 kcal）

藕1段（350 g）、青尖椒1个（可选）、红尖椒1个（可选）、炒黑芝麻2大勺、炒过的盐（或竹盐）$1/2$小勺、香油$1/2$小勺、面粉5大勺、煎食物用油60 mL（苏子油1大勺+食用油3大勺）

1

2

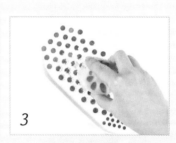

3

4

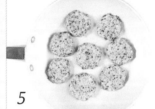

5

6

制作方法

1. 将青尖椒和红尖椒洗净，竖着对半切开，去籽，再切成 3 cm 长、0.5 cm 宽的条。

2. 将炒黑芝麻放到保鲜袋中，用擀面杖压碎。

3. 将藕洗净，用刮皮器去皮，用擦丝器擦成丝。
   ★也可以用料理机将藕搅碎。

4. 将藕、炒黑芝麻、香油和炒过的盐放到盆中，拌匀后放入面粉，揉成面团。将面团分成 8 等份，压成 0.5 cm 厚的饼。

5. 将锅烧热，倒入煎食物用油，放入步骤 4 中做好的饼，小火煎 3 分钟左右。

6. 将适量青尖椒和红尖椒放在饼上，翻面再煎 3 分钟左右。煎的过程中如果感觉油不够，就再放一点儿。
   ★可根据喜好搭配第 19 页的煎饼调味汁食用。

✳ **独家秘诀**

用混合了苏子油和食用油的煎食物用油煎煎饼，煎饼味道更好。

牛蒡煎饼

往压扁的牛蒡上涂抹微辣的调料，裹上用蔬菜高汤和面粉等制作的面糊，煎熟，牛蒡煎饼就做好了。牛蒡煎饼保留了牛蒡特有的香味和口感。用混合了苏子油和食用油的煎食物用油煎煎饼，煎饼味道更好。

原料

（2~3 人份，1 人份的热量 = 106 kcal）

牛蒡1段（150 g）、煎食物用油60 mL（苏子油1大勺+食用油3大勺）、醋少许

调料

炒白芝麻$\frac{1}{4}$小勺、辣椒面$\frac{1}{4}$小勺、香油$\frac{1}{2}$小勺、韩式汤用酱油$\frac{1}{2}$小勺

面糊

面粉5大勺、蔬菜高汤（或水）5大勺、韩式汤用酱油$\frac{2}{3}$小勺

制作方法

1. 将牛蒡用刀背去皮，洗净，切成 10 cm 长的条，用加了醋的水浸泡 5 分钟左右。

2. 往蒸锅里加水，煮沸，将笼布打湿铺在蒸笼里，放入牛蒡，不盖锅盖，大火蒸 15 分钟。

3. 将牛蒡竖着对半切开，用擀面杖压扁。

4. 将制作调料的原料放到碗中，拌匀。将制作面糊的原料放到盘中，拌匀。

5. 往压扁的牛蒡的一面均匀地抹上调料，将牛蒡放到面糊中，使之均匀地裹上一层面糊。

6. 将锅烧热，倒入煎食物用油，放入牛蒡，中火两面各煎 2 分钟。

＊独家秘诀

将制作牛蒡煎饼调料的原料分量减至一半，拌匀后涂抹在牛蒡上，再将牛蒡裹上面糊煎熟，这样制作的牛蒡煎饼不太辣，更适合孩子吃。

豆渣煎饼

将绿豆磨碎，加入胡萝卜、香菇等，摊成饼，用油煎一下，豆渣煎饼就做好了。绿豆含有不饱和脂肪酸，有消暑、去火、解毒的功效，有助于缓解中暑和食物中毒。

原料

（3~4人份，1人份的热量 = 157 kcal）

绿豆$\frac{1}{2}$杯（50 g）、水$\frac{1}{4}$杯（50 mL）、绿豆芽1把（50 g）、处理好的蕨菜25 g、剁碎的胡萝卜1大勺（10 g）、青尖椒1个（可选）、红尖椒1个（可选）、香菇1个（25 g）、辣白菜$\frac{1}{3}$杯（40 g）、

煎食物用油60 mL（苏子油1大勺+食用油3大勺）

★处理干蕨菜的方法参考第13页。

调料

炒过的盐（或竹盐）2小勺、韩式汤用酱油1小勺、香油1小勺

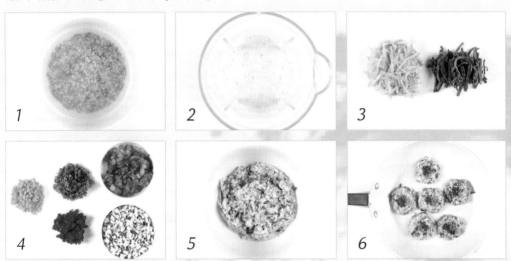

1　2　3

4　5　6

制作方法

1. 将绿豆洗净，放到盆中，加水（3杯），盖上保鲜膜，放入冰箱冷藏8小时以上。

2. 将绿豆用手揉搓去皮，过凉水2~3次，沥干，放到料理机中，加水（$\frac{1}{4}$杯），磨碎。

3. 将绿豆芽放到沸水（3杯）中焯1分30秒左右，洗净后挤干，切成2 cm长的段。将蕨菜切成2 cm长的段。

4. 将胡萝卜、青尖椒和红尖椒洗净，剁碎。将香菇洗净去蒂，剁碎。将辣白菜切成0.5 cm见方的丁。

5. 将步骤2中处理好的原料和绿豆芽、蕨菜、胡萝卜、香菇、辣白菜以及制作调料的原料放到盆中，拌匀。

6. 将锅烧热，倒入1大勺煎食物用油，放入1大勺步骤5中拌匀的原料，摊成0.5 cm厚的饼，小火煎5分钟。往饼上放一点儿青尖椒和红尖椒，翻面再煎2分钟左右。煎的过程中如果感觉油不够，可以再放一点儿。用同样的方法再做几张煎饼。

＊ 独家秘诀

豆渣煎饼可搭配煎饼调味汁（做法参考第19页）食用。

187

苏子叶
香菇酱饼

　　制作酱饼时可以
用花椒叶或短果茴芹
叶等有香味的叶子代
替苏子叶，也可以用
辣椒酱和大酱等酱料
代替盐来调味。

西葫芦
土豆煎饼

苏子叶香菇酱饼

原料

（3~4人份，1人份的热量 = 211 kcal）

苏子叶10片（20 g）、香菇2个（50 g）、青尖椒1个、红尖椒1个、青阳辣椒1个、煎食物用油60 mL（苏子油1大勺+食用油3大勺）

面糊

面粉1杯（100 g）、水1杯（200 mL）、大酱1大勺、辣椒酱2大勺、辣椒面1小勺

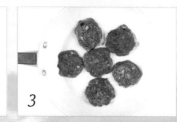

制作方法

1. 将苏子叶洗净，沥干，切成边长1 cm的片。将香菇洗净去蒂，切成0.5 cm见方的丁。将青尖椒、红尖椒和青阳辣椒洗净剁碎。

2. 将制作面糊的原料放到盆中，放入苏子叶、香菇、青尖椒、红尖椒和青阳辣椒，拌匀。

3. 将锅烧热，倒入煎食物用油，放入1大勺步骤2中拌匀的原料，摊成饼，中火煎2分钟，翻面再煎1分30秒左右。用同样的方法再做几张煎饼。

西葫芦土豆煎饼

原料

（2人份，1人份的热量 = 191 kcal）

西葫芦1又1/2个（420 g）、土豆1/4个（50 g）、白糖1小勺、炒过的盐（或竹盐）1/4小勺、淀粉3大勺、食用油1/2杯（100 mL）

制作方法

1. 将西葫芦洗净，用刀削掉薄薄的一层皮，将削掉的皮切成0.3 cm宽的条。将土豆洗净，用刮皮器去皮，切成0.3 cm宽的条，用水（2杯）浸泡10分钟，去除淀粉，捞出沥干。

2. 将西葫芦、土豆、白糖和炒过的盐放到盆中，拌匀后放入淀粉，用筷子充分搅拌。

3. 将锅烧热，倒入食用油，将步骤2中搅拌好的原料均匀地摊在锅里，用铲子压平，中火煎4分钟，翻面再煎3分钟，这样饼会更酥脆。

★可根据喜好搭配第19页的煎饼调味汁食用。

藕水泡菜

藕口感清脆，富含膳食纤维，可以促进肠道蠕动、预防便秘。在底汤里放2~3大勺五味子酵素汁做出的藕水泡菜味道更好。

尖椒泡菜

尖椒富含维生素C。建议挑选比较直的、不太辣的尖椒。尖椒泡菜适合夏季食用。

藕水泡菜

原料

（5~6 人份，1 人份的热量 = 39 kcal）

藕1段（200 g）、水芹10根（20 g）、胡萝卜⅙个（30 g）、青尖椒1个、红尖椒1个、醋½小勺（腌藕用）

调料

梨（或苹果）120 g、水4杯（800 mL）、炒过的盐（或竹盐）1大勺、剁碎的生姜½大勺（5 g）

糯米糊

糯米粉½大勺、水¼杯（50 mL）

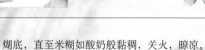

制作方法

1. 将藕洗净，用刮皮器去皮，切成 0.5 cm 厚的片，用加了醋的水（1 杯水 + ½ 小勺醋）腌 10 分钟，捞出沥干。

2. 去掉水芹的蔫叶，将水芹洗净，切成 3 cm 长的条。将胡萝卜洗净，切成 5 cm 长、0.5 cm 宽的条。将青尖椒和红尖椒洗净，斜切成圈，去籽。

3. 将制作糯米糊的原料放到锅中，拌匀，大火煮沸，继续用大火，边煮边用铲子搅拌，以免煳底，直至米糊如酸奶般黏稠，关火，晾凉。

4. 将梨和水放到厨师机中，搅打成糊状，取出后加入制作调料的其他原料拌匀，再放入糯米糊拌匀。

5. 将藕、水芹、胡萝卜、青尖椒和红尖椒装入容器，加入步骤 4 中拌匀的原料，密封，放入冰箱冷藏 3 天即可食用。放入冰箱冷冻可保存 15 天。

※ **独家秘诀**

用米饭代替糯米粉制作米糊：将 ¼ 杯（50 mL）水和 1½ 大勺（25 g）米饭用料理机搅打成糊状后倒在锅中，大火煮沸后改为中火，边煮边用铲子搅拌，以免煳底，直至米糊如酸奶般黏稠，关火，晾凉。

尖椒泡菜

原料

（2~3 人份，1 人份的热量 = 59 kcal）

尖椒5个、白萝卜1段（80 g）、水芹10根（20 g）、盐1大勺（腌尖椒用）

调料

辣椒面2大勺、白糖1大勺、炒过的盐（或竹盐）$^1/_2$大勺、青梅酵素汁1大勺、韩式汤用酱油1大勺、剁碎的生姜1小勺

糯米糊

糯米粉$^1/_2$大勺、水$^1/_4$杯（50 mL）

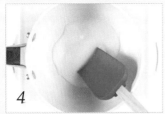  

制作方法

1. 将尖椒用流水洗净，上下各留出 1 cm，中间用刀划开。

2. 将尖椒用加了盐的水（1 杯）腌 30 分钟左右，捞出去籽，沥干。

3. 将白萝卜洗净，切成 3 cm 长的条。去掉水芹的叶子，将水芹洗净，切成 3 cm 长的条。

4. 将制作糯米糊的原料放到锅中，拌匀，大火煮沸，继续用大火，边煮边用铲子搅拌，以免煳底，直至米糊如酸奶般黏稠，关火，晾凉。

5. 将糯米糊和制作调料用的辣椒面放到盆中，拌匀后静置 5 分钟。放入制作调料的其他原料、白萝卜和水芹，拌匀。

6. 用筷子把步骤 5 中拌匀的原料放到尖椒中，装入容器，密封，放入冰箱冷藏可保存 15 天。也可以直接食用。

辣拌白菜

辣拌白菜不用发酵，将白菜和调料拌匀后即可食用。这道菜不太辣，又保留了白菜清脆的口感，适合孩子食用。

卷心菜泡菜

用加了青梅酵素汁的调料腌制的卷心菜泡菜十分爽口。做这道小菜时最重要的是要保留卷心菜清脆的口感，所以不要腌太久，拌匀后应尽快食用。

辣拌白菜

原料

（10 人份，1 人份的热量 = 80 kcal）

白菜1棵（300 g）、白萝卜1段（250 g）、干角叉菜1大勺（10 g，或干裙带菜10 g）

腌白菜的盐水

海盐$^1/_2$杯、水$2^1/_2$杯（500 mL）

糯米糊

糯米粉$^1/_4$杯（32 g）、温水$1^1/_2$杯（300 mL）

调料

苹果$^1/_2$个（100 g，擦成丝）、辣椒面1杯、炒过的盐（或竹盐）3大勺、剁碎的生姜1大勺、韩式汤用酱油2小勺

制作方法

1. 将白菜去根洗净，切成边长 5 cm 的片，放到盆中，倒入腌白菜的盐水，在室温下腌 3 小时左右，捞出沥干。

2. 将白萝卜洗净去皮，先横着切成 0.5 cm 厚的片，再竖着切成 0.5 cm 宽的条。

3. 将干角叉菜用温水（$^1/_2$ 杯热水 +$^1/_2$ 杯凉水）浸泡 10 分钟，挤干。

4. 将制作糯米糊的原料倒在锅中，拌匀，大火煮沸，改为小火，边煮边用铲子搅拌，直至米糊如酸奶般黏稠，关火，晾凉。

5. 将糯米糊和制作调料的原料放到盆中，拌匀后放入白萝卜和角叉菜，用手拌匀。

6. 放入白菜，拌匀，无须发酵即可食用。

✳ 独家秘诀

角叉菜富含膳食纤维和矿物质，属于藻类，可有效预防慢性病和肥胖，还有一定的抗菌作用。放入角叉菜的辣拌白菜味道更好。角叉菜状如鹿角，建议挑选颜色较深、有光泽的。

卷心菜泡菜

原料

（5~6人份，1人份的热量 = 50 kcal）

卷心菜叶10片（手掌大小，300 g）、白萝卜1段（100 g）、水芹50根（100 g）、黄瓜$\frac{1}{2}$根（100 g）、盐2大勺（腌蔬菜用）

调料

炒白芝麻1大勺、白糖1大勺、炒过的盐（或竹盐）1大勺、辣椒面6大勺、剁碎的生姜2大勺、韩式汤用酱油2大勺、青梅酵素汁2大勺

糯米糊

糯米粉$\frac{1}{2}$杯、水$\frac{1}{2}$杯（50 mL）

1

2

3

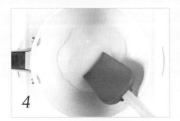

4

5

6

制作方法

1. 将卷心菜叶洗净，切成4 cm长、3 cm宽的片。将白萝卜洗净，切成3 cm长、3 cm宽、0.5 cm厚的块。

2. 去掉水芹的蔫叶，将水芹洗净，切成4 cm长的条。用刀刮去黄瓜表面的刺，洗净，切成6~8段4~6 cm长的条。

3. 将卷心菜叶、白萝卜和黄瓜放到加了盐的水（1$\frac{1}{4}$杯）中腌10分钟左右，捞出沥干。

4. 将制作糯米糊的原料放到锅中，拌匀，大火煮沸，继续用大火，边煮边用铲子搅拌，以免煳底，直至米糊如酸奶般黏稠，关火，晾凉。

5. 将糯米糊和制作调料的原料放到盆中，拌匀后放入水芹，充分搅拌。最后放入卷心菜叶、白萝卜和黄瓜，拌匀。

5. 将步骤5中拌匀的原料装入容器，密封，不用发酵即可食用。

★放入冰箱冷藏24小时后，卷心菜泡菜的味道更好。

生菜泡菜

茄子泡菜

生菜泡菜

原料

（4~5 人份，1 人份的热量 = 53 kcal）

生菜2棵（300 g）
调料
苹果¹/₄个（50 g）、白糖1大勺、炒过的盐（或竹盐）1大

勺、辣椒面8大勺、韩式汤用酱油2大勺、青梅酵
素汁2大勺
糯米糊
糯米粉¹/₂杯，水¹/₄杯（50 mL）

1

2

3

制作方法

1. 将苹果洗净去皮，用料理机搅碎。将生菜洗净，将叶子一片片瓣下来，沥干。

2. 将制作糯米糊的原料放到锅中，拌匀，大火煮沸，继续用大火，边煮边用铲子搅拌，以免

煳底，直至米糊如酸奶般黏稠，关火，晾凉。

3. 将糯米糊和制作调料的原料放到盆中，拌匀后放入生菜，用手拌匀。不用发酵即可食用。
★放入冰箱冷藏24小时后，生菜泡菜的味道更好。

茄子泡菜

原料

（5~6 人份，1 人份的热量 = 83 kcal）

干茄子85 g、白萝卜1段（80 g）、胡萝卜¹/₆个（30 g）、水芹10根（20 g）、香菇1个
调料
梨¹/₂个（100 g）、炒白芝麻1大勺、白糖1大勺、炒过的

盐（或竹盐）1 大勺、辣椒面7大勺、韩式汤用酱油
2大勺、青梅酵素汁2大勺、剁碎的生姜1小勺
糯米糊
糯米粉1大勺，水¹/₂杯（100 mL）

1

2

3

制作方法

1. 将干茄子用温水浸泡30分钟，挤干。将白萝卜、胡萝卜洗净，切成0.5 cm 宽的条。将水芹洗净，切成5 cm 长的条。将香菇洗净去蒂，切成0.5 cm 见方的丁。将梨洗净去皮，用擦丝器擦成丝。

2. 将制作糯米糊的原料放到锅中，拌匀，大火

煮沸，继续用大火，边煮边用铲子搅拌，以免煳底，直至米糊如酸奶般黏稠，关火，晾凉。

3. 将糯米糊和制作调料的原料放到盆中，拌匀后放入茄子、白萝卜、胡萝卜、水芹和香菇，用手拌匀，装入容器，密封，放入冰箱冷藏发酵，1~2日后即可食用。

酱土豆

酱土豆可以作为下饭菜，也可以放入调料拌着吃，别有风味。

酱牛蒡

用牛蒡和土豆等较硬的食材制作酱菜时，可以在静置发酵的过程中将酱汤分 2~3 次倒入，这样酱菜能保存更长时间。

酱土豆

原料

（5~6人份，1人份的热量 = 99 kcal）

土豆2¹/₂个（500 g）、红尖椒4个、生姜1块（30 g）

酱汤

生抽1¹/₂杯（300 mL）、蔬菜高汤1杯（200 mL）、白

糖2大勺

凉拌菜调料

糖稀（或糖浆、低聚糖）2¹/₂大勺、芝麻1小勺、香油1小勺

 1
 2
 3

制作方法

1. 将制作酱汤的原料放到锅中，大火煮沸，关火，晾凉。

2. 将土豆洗净，每个切成4等份，再切成1 cm见方的块，用水浸泡10分钟，去除淀粉。将红尖椒洗净，斜切成圈。将生姜洗净切片。

3. 将步骤1和步骤2中处理好的原料都装入容器，密封，放入冰箱冷藏发酵2~3天。挑出土豆放到碗中，放入凉拌菜调料，拌匀。

酱牛蒡

原料

（5~6人份，1人份的热量 = 71 kcal）

牛蒡1段（500 g）、醋1大勺（腌牛蒡用）

酱汤

蔬菜高汤2杯（400 mL）、醋1杯（200 mL）、生抽¹/₂杯（100 mL）、韩式汤用酱油¹/₂杯（100 mL）、糖稀（或糖浆、低聚糖）1杯

 1
 2
 3

制作方法

1. 将制作酱汤的原料放到锅中，大火煮沸，关火，晾凉。

2. 将牛蒡用刀背去皮，洗净，切成0.5 cm厚的片，用加了醋的水（3杯）腌10分钟，捞出沥干。

3. 将牛蒡和酱汤装入容器，密封，放入冰箱冷藏发酵，1周后即可食用。

酱裙带菜

裙带菜热量低，富含膳食纤维，饱腹感强。用酱汤腌过的裙带菜味道更好。

酱苏子叶

苏子叶香味独特。用酱汤腌过的苏子叶味道很好，可搭配米饭食用。用蔬菜高汤代替水制作酱汤的话，酱苏子叶的味道会更好。

酱裙带菜

原料

（10人份，1人份的热量 = 37 kcal）

裙带菜（或海带）500 g

酱汤

白糖 $\frac{1}{2}$ 杯、水2杯（400 mL）、蔬菜高汤1杯（200 mL）、

生抽1杯（200 mL）、清酒3大勺、醋3大勺、糖稀（或糖浆、低聚糖）$\frac{1}{2}$ 大勺

制作方法

1. 将制作酱汤的原料放到锅中，大火煮沸，关火，晾凉。

2. 将裙带菜洗净，用水浸泡30分钟，去除盐分，用手搓洗 2~3 次，挤干。

3. 将裙带菜和酱汤装入容器，密封，放入冰箱冷藏发酵，15 天后即可食用。

酱苏子叶

原料

（5~6人份，1人份的热量 = 27 kcal）

苏子叶100片（200 g）

酱汤

白糖 $\frac{1}{4}$ 杯、水（或蔬菜高汤）$\frac{1}{2}$ 杯（100 mL）、清酒1杯（200 mL）、醋 $\frac{1}{2}$ 杯（100 mL）、生抽1杯（100 mL）

制作方法

1. 将制作酱汤的原料放到锅中，大火煮沸，关火，晾凉。

2. 将苏子叶一片一片地用流水洗净，去掉较硬的梗，沥干。

3. 将苏子叶和酱汤装入容器，密封，放入冰箱冷藏发酵，2 个月后即可食用。

酱杏鲍菇

杏鲍菇柔软又有嚼劲。注意杏鲍菇不要焯得太久，否则可能嚼不动。

酱豆腐

豆腐富含蛋白质，像芝士般柔软的酱豆腐可以拌饭食用。

酱杏鲍菇

原料

（10~12 人份，1 人份的热量 = 47 kcal）

杏鲍菇10个（800 g）

酱汤

白糖$\frac{1}{2}$杯、生抽1杯（200 mL）、糖稀（或糖浆、低聚糖）$\frac{1}{2}$杯、清酒4大勺、醋3大勺

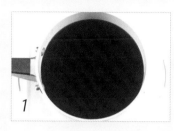  

制作方法

1. 将除醋之外所有制作酱汤的原料放到锅中，大火煮沸，关火，晾凉，最后加醋。

2. 将杏鲍菇洗净，竖着对半切开，放到沸水（10

杯）中焯 5 分钟左右，捞出沥干。

3. 将杏鲍菇和酱汤装入容器，密封，放入冰箱冷藏发酵，10 天后即可食用。

酱豆腐

原料

（10 人份，1 人份的热量 = 36 kcal）

北豆腐1块（300 g）

酱汤

生抽1$\frac{1}{2}$杯（300 mL）、韩式汤用酱油$\frac{1}{2}$杯（100 mL）、水$\frac{1}{2}$杯（100 mL）

制作方法

1. 将北豆腐放在沸水中焯10分钟左右，捞出沥干。

2. 将制作酱汤的原料放到锅中，大火煮沸后晾凉。将北豆腐和酱汤装入容器，密封，在室温下静置 1 周。
★天热的话，可以放入冰箱冷藏 15 天左右。

3. 捞出北豆腐，压碎，沥干。
★将剩下的酱汤装入容器，密封，放入冰箱冷藏，制作炖菜时可作为调料。

温热鲜美的汤羹

用香菇和海带可以制作蔬菜高汤，加入其他蔬菜，汤的味道更鲜美，还可以加入一些可以补充蛋白质的豆制品。

豆腐丸子裙带菜汤

制作丸子有祈福之意，每当孩子过生日，我们全家人就会聚在一起制作豆腐丸子，为孩子的健康和家人的幸福祈祷。你也可以在特殊的日子里制作有美好寓意的豆腐丸子裙带菜汤！

原料

（2人份，1人份的热量 = 140 kcal）

干裙带菜$\frac{1}{4}$杯（10 g）、北豆腐1块（150 g）、韩式汤用酱油2大勺、炒过的盐（或竹盐）$\frac{1}{4}$小勺、淀粉2大勺、苏子油1小勺

蔬菜高汤（5杯，1L）

水6杯（1.2 L）、干香菇3个（泡发）、海带2片（5 cm×5 cm）

制作方法

1. 将制作蔬菜高汤的原料放到锅中，大火煮沸后捞出海带，改为小火煮 10 分钟后捞出香菇。干裙带菜用凉水（3 杯）浸泡 15 分钟。

2. 将裙带菜揉搓洗净，挤干，切成 3 cm 长的条，放入韩式汤用酱油，拌匀。

3. 将从蔬菜高汤中捞出的 1 个香菇挤干，去蒂后剁碎。将北豆腐用刀的侧面压碎，用湿棉布包裹，挤干。

4. 将北豆腐、香菇和炒过的盐放到盆中，拌匀后团成直径 1.5 cm 的丸子。将淀粉和丸子放到保鲜袋中，轻轻摇晃，使丸子均匀地裹上淀粉。

5. 将锅烧热，倒入苏子油，放入裙带菜，中火炒 1 分 30 秒。

6. 倒入蔬菜高汤，大火煮沸后再煮 2 分钟，放入丸子，煮 2 分 30 秒。

✳ 独家秘诀

制作西蓝花裙带菜汤：将 1 个西蓝花（200 g）切成一口大小，代替豆腐丸子放到蔬菜高汤里，煮熟，西蓝花裙带菜汤就做好了。西蓝花不要煮太久，否则其中的营养成分会被破坏。放入西蓝花后，再放 2 大勺苏子油，汤的味道更鲜美。

豆腐黄豆汤

在素食中，黄豆是提供蛋白质的重要原料。身体不适的时候，来一碗豆腐黄豆汤吧！

原料

（2人份，1人份的热量 = 329 kcal）

黄豆²⁄₃杯（100 g）、北豆腐1块（150 g）、盐少许（腌豆腐用）、水芹5根（10 g）、韩式汤用酱油1大勺、食用油1大勺、炒过的盐（或竹盐）1小勺（根据喜好增减）
蔬菜高汤（5杯，1L）
水6杯（1.2 L）、干香菇3个（泡发）、海带2片（5 cm×5 cm）

1

2

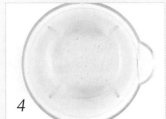

3

4

5

6

制作方法

1. 将黄豆洗净，用水（4杯）浸泡6小时左右，使其充分泡发。

2. 将制作蔬菜高汤的原料放到锅中，大火煮沸后捞出海带，改为小火煮10分钟后捞出香菇。

3. 去掉水芹的蔫叶，将水芹用流水洗净，切成3 cm长的条。将北豆腐切成5 cm长、2 cm宽、1 cm厚的块，放在厨房纸巾上，撒上盐，腌10分钟。

4. 将黄豆放到料理机中，加1杯蔬菜高汤，磨碎后过筛，滤出黄豆汤。

5. 将锅烧热，倒入苏子油，放入北豆腐，中火两面各煎2分30秒。

6. 另取一锅，放入黄豆汤和剩余的蔬菜高汤，大火煮沸。撇去浮沫，放入北豆腐、韩式汤用酱油和炒过的盐，中火煮1分30秒。最后放入水芹，关火。

✳ 独家秘诀

　　可以用从市场上购买的现成的豆浆代替黄豆汤。制作蔬菜高汤时可少加1杯水，制作4杯蔬菜高汤即可，在步骤6中加4杯蔬菜高汤和1杯豆浆即可。最好使用没有添加其他成分的、只用黄豆和水制作的纯豆浆，这样汤的味道更好。

冬葵汤

冬葵富含 β– 胡萝卜素、钾元素，可以消除疲劳、延缓衰老。此外，冬葵还富含钙元素，有利于儿童生长发育。用蔬菜高汤和大酱调味的冬葵汤不仅味道好，营养价值也很高。

原料

（2 人份，1 人份的热量 = 140 kcal）

冬葵 $1\frac{1}{3}$ 把（120 g）、南豆腐1块（150 g）、大酱4大勺、盐1小勺（焯冬葵用）

蔬菜高汤（6 杯，1.2 L）

水7杯（1.4 L）、干香菇3个（泡发）、海带3片（5 cm×5 cm）

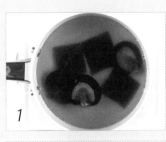

1

2

3

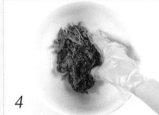

4

5

制作方法

1. 将制作蔬菜高汤的原料放到锅中，大火煮沸后捞出海带，改为小火煮10分钟后捞出香菇。

2. 去掉冬葵较硬的茎和叶片表面的粗纤维，将冬葵用流水冲洗，切成边长5 cm的片。将南豆腐切成1 cm见方的块。将从蔬菜高汤中捞出的2个香菇挤干，去蒂，切成0.5 cm宽的条。

3. 将冬葵放到加了盐的沸水（5杯）中焯30秒，捞出过凉水，挤去水分。

4. 将冬葵、香菇和大酱放到盆中，拌匀。

5. 将蔬菜高汤倒在锅里，大火煮沸，放入步骤4中拌匀的原料，大火继续煮4分钟，放入南豆腐，大火煮3分钟。煮的时候要撇去浮沫。

艾蒿汤

艾蒿含有较多维生素 C 和矿物质，有助于提高免疫力，对预防感冒非常有效果。艾蒿性温，可以温暖身体，对女性生理周期疼痛和一些妇科病都有缓解作用。喝一碗艾蒿汤来感受春天的味道吧！

原料

（2 人份，1 人份的热量 = 128 kcal）

艾蒿2把（100 g）、粘米粉（或面粉）1大勺、苏子粉3大勺、大酱2大勺、韩式汤用酱油1大勺（根据喜好增减）
蔬菜高汤（6 杯，1.2 L）
水7杯（1.4 L）、干香菇3个（泡发）、海带3片（5 cm×5 cm）

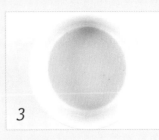

制作方法

1. 将制作蔬菜高汤的原料放到锅中，大火煮沸后捞出海带，改为小火煮 10 分钟后捞出香菇。

2. 将艾蒿用流水洗净，沥干。

3. 将 $1/2$ 杯蔬菜高汤、粘米粉和苏子粉放到盆中，拌匀。

4. 将剩余的蔬菜高汤倒在锅中，大火煮沸后放入艾蒿，煮 1 分钟。

5. 放入大酱，拌匀，再放入步骤 3 中拌匀的原料和韩式汤用酱油，大火煮沸后改为中火煮 2 分钟左右。

老南瓜汤

用蔬菜高汤和老南瓜制作老南瓜汤非常简单。老南瓜汤味道清淡，深受女性喜爱。

辣白菜黄豆汤

用清淡的黄豆汤和辣白菜制作的辣白菜黄豆汤味道很好。

老南瓜汤

原料

（2人份，1人份的热量 = 88 kcal）

老南瓜（500 g）、韩式汤用酱油1大勺、炒过的盐（或竹盐）1小勺（根据喜好增减）

蔬菜高汤（5杯，1 L）

水6杯（1.2 L）、干香菇3个（泡发）、海带2片（5 cm×5 cm）

制作方法

1. 将制作蔬菜高汤的原料放到锅中，大火煮沸后捞出海带，改为小火煮10分钟后捞出香菇。

2. 将老南瓜洗净去皮去瓤，切成0.5 cm厚的片。

3. 将蔬菜高汤和老南瓜放到锅中，大火煮沸后再煮4分钟，放入韩式汤用酱油和炒过的盐，煮4分钟。

辣白菜黄豆汤

原料

（2人份，1人份的热量 = 153 kcal）

黄豆（浸泡6小时）140 g、辣白菜1杯（150 g）、蔬菜高汤5杯（1 L）

盐水

盐1大勺、水3大勺

 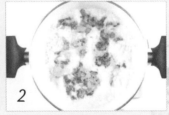 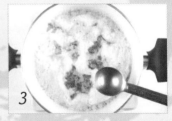

制作方法

1. 将黄豆放到料理机中，加蔬菜高汤，磨碎后过筛，滤出黄豆汤。将辣白菜去芯，切成边长1 cm的片。将制作盐水的原料放到碗中，拌匀。

2. 将黄豆汤放到锅中，大火煮沸，煮1分钟后改为中火，放入辣白菜。

3. 倒入盐水，搅匀，改为小火煮2分钟。

炖蕨菜

制作炖蕨菜时不用放很多调料，这样可以品尝到蕨菜特有的味道。用洗米水代替蔬菜高汤可以使炖蕨菜的口感更好。如果再放1大勺苏子粉，炖蕨菜的味道更香。

原料

（2人份，1人份的热量 = 247 kcal）

处理好的蕨菜150 g、西葫芦¹/₂个（140 g）、白萝卜1段（100 g）、土豆1个（200 g）、青尖椒¹/₂个、红尖椒¹/₂个（可选）、韩式汤用酱油1大勺、苏子油1大勺

★处理干蕨菜的方法参考第13页。

调料

辣椒酱4大勺、大酱2大勺、辣椒面1小勺

蔬菜高汤（5杯，1 L）

水6杯（1.2 L）、干香菇3个（泡发）、海带2片（5 cm×5 cm）

1

2

3

4

5

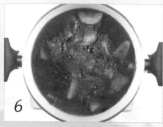

6

制作方法

1. 将制作蔬菜高汤的原料放到锅中，大火煮沸后捞出海带，改为小火煮 10 分钟后捞出香菇。

2. 将西葫芦洗净，竖着对半切开，再切成 1 cm 厚的片。将蕨菜切成 5 cm 长的段。将土豆洗净，先切成 4 等份，再切成 1 cm 厚的块。将白萝卜洗净，切成 3 cm 见方的块。将青尖椒和红尖椒洗净，斜切成圈。

3. 将 1/4 杯蔬菜高汤和制作调料的原料放到碗中，拌匀。

4. 将蕨菜、韩式汤用酱油和苏子油放到锅中，拌匀。

5. 将锅烧热，放入步骤 4 中拌匀的原料，大火炒 1 分钟，放入白萝卜和土豆，再炒 1 分钟。

6. 放入步骤 3 中拌匀的原料和剩余的蔬菜高汤，大火煮沸后再煮 6 分钟，放入西葫芦、青尖椒和红尖椒，煮 2 分钟。

炖萝卜

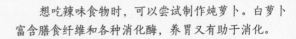

　　想吃辣味食物时，可以尝试制作炖萝卜。白萝卜富含膳食纤维和各种消化酶，养胃又有助于消化。

原料

（2人份，1人份的热量 = 202 kcal）

白萝卜1段（500 g）、黄豆（浸泡6小时）$\frac{1}{2}$杯（70 g）、青尖椒$\frac{1}{2}$个、红尖椒$\frac{1}{2}$个、辣椒面$1\frac{1}{2}$大勺、炒过的盐（或竹盐）1小勺、苏子油1大勺、辣椒酱2大勺
蔬菜高汤（5杯，1 L）
水6杯（1.2 L）、干香菇3个（泡发）、海带2片（5 cm×5 cm）

  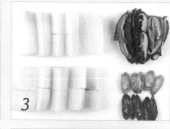

  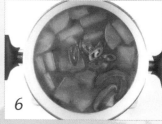

制作方法

1. 将制作蔬菜高汤的原料放到锅中，大火煮沸后捞出海带，改为小火煮 10 分钟后捞出香菇。

2. 将黄豆放到料理机中，加 1 杯蔬菜高汤，磨碎后过筛，滤出黄豆汤。

3. 将白萝卜洗净去皮，切成 4 cm 长、4 cm 宽、1.5 cm 厚的块。将从蔬菜高汤中捞出的 2 个香菇挤干，去蒂，切成 0.5 cm 厚的片。将青尖椒和红尖椒洗净，斜切成圈。

4. 将白萝卜、辣椒面和炒过的盐放到盆中，拌匀，静置 5 分钟。

5. 将锅烧热，倒入苏子油，放入白萝卜和香菇，中火炒 1 分钟。

6. 放入剩余的蔬菜高汤和辣椒酱，大火煮沸后再煮 10 分钟。倒入黄豆汤，中火煮 4 分钟。放入青尖椒和红尖椒，煮 1 分钟。

蔬菜锅巴汤

蔬菜锅巴汤味道清淡又醇香。制作时不要煮得太久，否则锅巴会被煮碎。放入当季蔬菜，蔬菜锅巴汤的味道更好。如果想吃到脆脆的锅巴，可以不将锅巴放在汤里煮，直接用锅巴蘸着汤吃。

原料

（2 人份，1 人份的热量 = 215 kcal）

锅巴100 g、西葫芦20 g、土豆$\frac{1}{6}$个（30 g）、香菇1个（25 g）、青尖椒$\frac{1}{2}$个（可选）、红尖椒$\frac{1}{2}$个（可选）、炒过的盐（或竹盐）$\frac{1}{2}$小勺（根据喜好增减）

蔬菜高汤（5 杯，1 L）

水6杯（1.2 L）、干香菇3个（泡发）、海带2片（5 cm×5 cm）

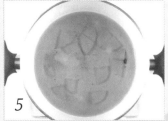

制作方法

1. 将制作蔬菜高汤的原料放到锅中，大火煮沸后捞出海带，改为小火煮 10 分钟后捞出香菇。

2. 将西葫芦洗净，竖着对半切开，再切成 0.5 cm 厚的片。将土豆洗净去皮，先切成 4 等份，再切成 0.5 cm 厚的片。

3. 将香菇洗净去蒂，切成 0.5 cm 厚的片。将青尖椒和红尖椒洗净，斜切成圈。

4. 将锅巴掰成一口大小。

5. 将蔬菜高汤倒在锅里，大火煮沸后放入土豆，中火煮 2 分钟。

6. 放入锅巴，煮 1 分钟。放入西葫芦和香菇，煮 2 分钟。放入青尖椒和红尖椒，煮 1 分钟。最后放入炒过的盐，搅匀，关火。

❋ 独家秘诀

　　将锅用小火烧热，放入 200 g 米饭（或糯米饭），加 2 大勺水，用铲子搅匀。将铲子背面蘸一点儿水，用铲子背面将米饭压成 0.7 cm 厚的片，小火两面各烤 13 分钟，锅巴就做好了。将锅巴盛出晾凉，装入保鲜袋冷藏即可。

豆腐锅

　　神仙炉是韩国的代表性宫廷食物，由多种食材制作而成，适合众人分食。豆腐锅就是神仙炉的简化版，适合在家制作，一家人一起吃。

原料

（3~4人份，1人份的热量 = 31 kcal）

北豆腐1块（300 g）、盐少许（腌豆腐用）、菠菜1把（50 g）、茼蒿 $^1/_2$ 把（20 g）、粉条 $^1/_2$ 把（50 g，浸泡30分钟）、香菇1个（25 g）、杏鲍菇 $^1/_2$ 个（40 g）、平菇2把（100 g）、白萝卜1段（50 g）、胡萝卜20 g、青尖椒和红尖椒少许（可选）、面粉2大勺、煎食物用油20 mL（食用油1大勺+苏子油1小勺）、苏子油 $^1/_2$ 大勺（炒白萝卜用）、韩式汤用酱油1大勺、炒过的盐（或竹盐） $^1/_2$ 小勺（根据喜好增减）

蔬菜高汤（5杯，1 L）

水6杯（1.2 L）、干香菇3个（泡发）、海带2片（5 cm×5 cm）

1

2

3

4

5

6

7

制作方法

1. 将制作蔬菜高汤的原料放到锅中，大火煮沸后捞出海带，改为小火煮10分钟后捞出香菇。

2. 将北豆腐切成5 cm长、3 cm宽、1.5 cm厚的块，放在厨房纸巾上，撒上盐，腌10分钟，用厨房纸巾吸去渗出的水。将粉条切成15 cm长的段。将菠菜和茼蒿洗净，沥干。

3. 将香菇洗净去蒂，切成0.5 cm厚的片。将杏鲍菇洗净，保持原来的形状切成0.5 cm厚的片。将平菇去根洗净，一朵一朵撕开。

4. 将白萝卜洗净，切成4 cm长、4 cm宽、0.5 cm厚的块。将胡萝卜洗净，切成0.5 cm厚的片。

将青尖椒和红尖椒洗净，斜切成圈。

5. 将北豆腐和面粉放到保鲜袋中，轻轻摇晃，使北豆腐均匀地裹上面粉。将锅烧热，倒入煎食物用油，放入北豆腐，中火两面各煎2分30秒。

6. 另取一锅烧热，倒入苏子油，放入白萝卜和韩式汤用酱油，大火炒1分钟。

7. 放入蔬菜高汤，大火煮沸后再煮2分钟。放入北豆腐，煮1分钟。放入蘑菇、胡萝卜、青尖椒、红尖椒、粉条、菠菜和炒过的盐，煮1分钟，关火。最后放入茼蒿。

种类多样的
零食和饮料

用叶菜类蔬菜、根茎类蔬菜、水果及坚果等有益于健康的原料制作零食和饮料并不复杂，你在制作时可以从中感受到自己动手的乐趣。这一章介绍的零食和饮料味道都不错，老幼皆宜。

炸苏子叶·土豆·海带

蔬菜裹上糯米糊油炸后，味道清淡，口感酥脆。用家里常见的蔬菜制作的油炸食物既可以作为孩子的零食，也可以作为饭后小吃。

烤水果片

将水果片刷上糖浆，低温烘烤，烤水果片就做好了。烤水果片味道甘甜、果香浓郁、口感香脆，最适合作为饭后甜点，还可用来装饰蛋糕。

炸苏子叶·土豆·海带

原料

（2人份，1人份的热量 = 208 kcal）

土豆1个(200 g)、苏子叶10片(20 g)、干海带2片
(5 cm×5 cm)、糯米2大勺（装饰用，可选）、

食用油3杯（600 mL）、炒过的盐（或竹盐）少许、
盐1小勺（焯土豆用）

糯米糊

糯米粉$\frac{1}{4}$杯、水$\frac{1}{2}$杯、盐$\frac{1}{4}$小勺

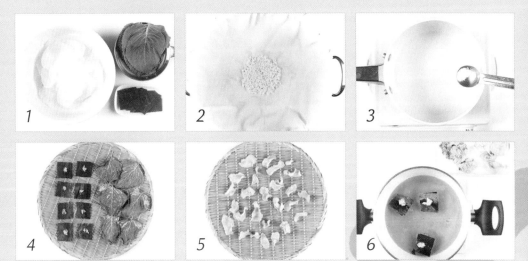

制作方法

1. 将土豆洗净去皮，切成0.2 cm厚的片，用水浸泡1小时，去除淀粉。将苏子叶用流水洗净，沥干。将干海带用厨房纸巾擦干净。

2. 将糯米用流水洗净，用水浸泡30分钟。往蒸锅里加水，煮沸，将笼布打湿铺在蒸笼里，放入糯米蒸15分钟，糯米饭就做好了。
★糯米饭用于装饰海带，可选。

3. 将糯米粉和水放到锅中，拌匀，大火煮沸，边煮边用铲子搅拌，以免煳底，直至米糊如酸奶般黏稠，关火，加盐。

4. 将糯米糊涂在海带中间，放上适量糯米饭。将苏子叶的正面涂上糯米糊。将海带和苏子叶放在盖帘上，置于阳光充足处，静置6~8小时。

5. 将土豆片放在加了盐的沸水（6杯）中焯2分钟左右，捞出，放在盖帘上静置1~2天。

6. 将食用油倒在锅中，烧至180 ℃（即放入一点儿糯米饭后，糯米饭会立刻浮起来），依次放入土豆、苏子叶和海带，分别炸10秒，捞出，放在厨房纸巾上吸去表面的油。往土豆上撒一点儿炒过的盐。

＊ 独家秘诀

焯土豆时，放少许盐可以防止土豆褐变。待蔬菜干透后再炸，这样炸过的蔬菜味道才好。

烤水果片

原料

（2~3 人份，1 人份的热量 = 335 kcal）

苹果1个(200 g)、橙子1个(300 g)、猕猴桃1个(100 g)

糖浆

白糖10大勺、水10大勺

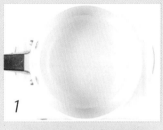

制作方法

1. 将制作糖浆的原料放到锅中，大火煮沸，再煮2分钟至白糖完全熔化，关火，晾凉。

★制作糖浆时，要使白糖自然熔化，不要用铲子搅拌，这样糖浆才不会结块。

2. 将猕猴桃去皮，切成0.3 cm厚的片。将苹果和橙子洗净，带皮切成0.3 cm厚的片。

★提前将烤箱预热到75 ℃。

3. 用刷子将水果片两面都刷上糖浆。

4. 在烤盘里铺上硅胶垫，放上水果。

★硅胶垫可在网上或烘焙用品店里购买，可重复使用。

5. 将烤盘放在预热过的烤箱中层，烤1小时30分。将水果翻面后再烤1小时30分。

＊独家秘诀

用草莓、金桔或梨制作水果片的方法：把水果洗净，带皮切成0.3 cm厚的片，将水果片两面都刷上糖浆，放入烤箱烘烤即可。

水果片的保存方法：在容器底部铺上厨房纸巾，放入烤水果片，密封，室温下可保存1周。

猕猴桃羹

糖栗子

南瓜团

胡萝卜团

栗子团

猕猴桃羹

猕猴桃羹是用猕猴桃、石花菜粉和红豆沙等制作的。如果没有模具，可以将猕猴桃羹放在矩形容器中，用铲子抹平表面，冷藏后切成一口大小。

原料

（3~4人份，1人份的热量 = 153 kcal）

猕猴桃3个（300 g）、红豆沙6$\frac{1}{2}$大勺（100 g）、石花

菜粉1大勺（5 g）、水$\frac{1}{2}$杯（100 mL）、炒过的盐（或竹盐）少许、白糖$\frac{1}{2}$杯（75 g）

  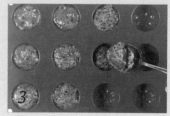

制作方法

1. 将石花菜粉和水混合，静置10分钟。将猕猴桃去皮，用料理机搅碎。

2. 将步骤1中处理好的所有原料、白糖和炒过的盐放到锅中，拌匀，小火煮5分钟，边煮边

用铲子搅拌。放入红豆沙，煮8分钟。

3. 将模具洗净，但不要擦干，倒入步骤2中处理好的原料，放入冰箱冷藏，20分钟后取出。

糖栗子

糖栗子有栗子的清香，是孩子非常喜欢的食物。

原料

（2人份，1人份的热量 = 229 kcal）

栗子仁10个（100 g）、食用油2杯（400 mL）

糖汁
红糖3大勺、水3大勺、糖稀2大勺

制作方法

1. 将栗子仁用水浸泡10分钟，去除淀粉，用厨房纸巾擦干。

2. 将食用油倒在锅中，烧至180 ℃（即放入栗子仁后，会产生很多小气泡），放入栗子仁炸

2.5~3分钟，捞出控油。

3. 另取一锅，将制作糖汁的原料放到锅中，大火煮沸后再煮30秒，放入栗子仁，中火快速翻炒30秒，装盘，晾凉。

南瓜团、胡萝卜团

将南瓜和胡萝卜蒸熟并压成泥，分别做成小南瓜和小胡萝卜的样子，既好吃又好看。

南瓜团的原料

（2人份，1人份的热量 = 125 kcal）

南瓜1/3个（300 g）、白糖1大勺、糖稀1小勺、炒过的盐（或竹盐）少许、瓜子仁少许（装饰用）、薄荷叶少许（装饰用）

胡萝卜团的原料

（2人份，1人份的热量 = 77 kcal）

胡萝卜1½个（300 g）、白糖1大勺、糖稀1小勺、炒过的盐（或竹盐）少许、香芹少许（装饰用）

制作方法

1. 将南瓜洗净去皮去瓤，切成2 cm厚的片。将胡萝卜洗净，用刮皮器去皮，切成1.5 cm厚的片。往蒸锅里加水，煮沸，将笼布打湿铺在蒸笼里，放入南瓜和胡萝卜，大火分别蒸10分钟和15分钟。

2. 将南瓜压成泥，放入白糖、糖稀和炒过的盐，拌匀后放到锅中，中火煮5~8分钟，边煮边用铲子搅拌，直到南瓜泥变得黏稠。用同样的方法处理胡萝卜。

3. 将南瓜泥分成10等份，团成直径1.5 cm的球，用牙签在表面压出6道棱，做成小南瓜的样子，再用瓜子仁和薄荷叶装饰。将胡萝卜泥分成10等份，捏成小胡萝卜的样子，顶部用香芹装饰。

栗子团

栗子团既有桂皮的香味，也有栗子的甜味。

原料

（2人份，1人份的热量 = 229 kcal）

栗子仁10个（100 g）、蜂蜜1大勺、炒过的盐（或竹盐）少许、桂皮粉1小勺

制作方法

1. 往蒸锅里加水，煮沸，将笼布打湿铺在蒸笼里，放入栗子仁，大火蒸25分钟。

2. 趁热将栗子仁压碎，将压碎的栗子仁、蜂蜜以及炒过的盐放到盆中，拌匀。

3. 将步骤2中拌匀的原料分成10等份，捏成栗子的样子，底部蘸一点儿桂皮粉。

琥珀核桃

核桃仁裹上一层糖浆，再用油稍微炸一下，琥珀核桃就做好了，它是全家人都喜欢吃的零食。制作时放入 $\frac{1}{2}$ 小勺生姜汁，成品的味道会更好。

芝麻糖

芝麻糖有芝麻的香味，老人尤其爱吃。要在凉透之前切开，芝麻糖才不会被切碎。

琥珀核桃

原料

（2 人份，1 人份的热量 = 419 kcal）

核桃仁1杯（70 g）、白糖$^1/_2$杯、水$^1/_2$杯（100 mL）、糖稀$^1/_2$杯、食用油1杯（400 mL）

制作方法

1. 将核桃仁洗净，用沸水（3 杯）煮 5 分钟，捞出沥干。

2. 将白糖、水和糖稀放到锅中，中火煮至白糖完全熔化，不要搅拌。再煮 3 分钟，放入核桃仁。

改为小火煮 3 分钟，边煮边搅拌，捞出晾凉。

3. 将食用油倒在锅中，烧至180℃（即放入核桃仁后，会产生很多小气泡），放入核桃仁炸 1 分钟，捞出控油，装盘，晾凉后食用。

芝麻糖

原料

（3~4 人份，1 人份的热量 = 334 kcal）

炒白芝麻1$^1/_2$杯（120 g）、枣1颗（可选）、瓜子仁（或坚果碎）1大勺、松仁$^1/_2$大勺（可选）、白糖2大勺、水3大勺、蜂蜜（或糖稀）3大勺、炒过的盐（或竹盐）少许

制作方法

1. 将枣去核，切成 0.5 cm 宽的条。将锅烧热，放入松仁和瓜子仁，中火炒 1 分钟后装盘。再将炒白芝麻放到锅中，中火炒 3 分钟，边炒边用铲子搅拌。

2. 另取一锅，将白糖、水、蜂蜜和炒过的盐放

到锅中，中火煮 1 分钟至白糖完全熔化，放入炒白芝麻再炒 2 分钟。

3. 在矩形容器底部铺上 1 张保鲜膜，均匀撒上枣、松仁和瓜子仁，上面再盖 1 张保鲜膜，用手压实、压平，静置 10 分钟，切成一口大小。

糯米豆沙饼

　　用糯米粉和甜甜的红豆沙制作的糯米豆沙饼很好吃，可以趁热吃，也可以晾凉后吃，晾凉后口感更好。你也可以往红豆沙中放一勺坚果粉，这样做出的糯米豆沙饼味道更香。

原料

（2人份，1人份的热量 = 429 kcal）

糯米粉1杯（130 g）、白糖$1^1/_2$大勺、炒过的盐（或竹盐）少许、热水$5^1/_2$大勺、红豆沙4大勺（80 g）、食用油1大勺、蜂蜜少许、南瓜子仁1大勺（装饰用，可选）、枣1颗（装饰用，可选）

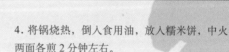

制作方法

1. 将糯米粉、白糖和炒过的盐放到盆中，拌匀后缓缓倒入热水，揉成柔软的面团。

★可根据面团的软硬适当调节水量。

2. 将红豆沙分成 8 等份，团成球。将枣切开，去核，再切成 0.5 cm 宽的条。

3. 将面团分成 8 等份，压成直径 6 cm 的饼。

4. 将锅烧热，倒入食用油，放入糯米饼，中火两面各煎 2 分钟左右。

★如果煎锅不大，可分两次煎糯米饼。

5. 在糯米饼的中央放上红豆沙，将糯米饼对折捏紧，表面抹上蜂蜜并用南瓜子仁和枣装饰。用同样的方法再做几个糯米豆沙饼。

✳ 独家秘诀

用芸豆制作馅料来代替红豆沙：将一听芸豆罐头（432 g）中的芸豆用流水冲洗，沥干；加 4 大勺白糖及少许盐，拌匀，用勺背碾碎芸豆，压实。

用不同的方法制作糯米饼：将 1 杯糯米粉和 1 杯水混合做成糯米糊；将锅烧热，倒入食用油，放入糯米糊，摊成薄饼，小火煎 40 秒，翻面再煎 30 秒；往糯米饼上均匀地撒白糖。

柚香糯米团

用酸酸甜甜的柚子酵素汁制作柚香糯米团吧！在糯米团外面分别裹上切成细丝的枣、黑芝麻和炒过的黄豆面，就做成了各种口味的、有柚子清香的糯米团。

原料

（2人份，1人份的热量 = 399 kcal）

糯米粉 $1^1/_6$ 杯（150 g）、炒过的盐（或竹盐）少许、柚子酵素汁3大勺、热水8大勺、枣6颗、炒黑芝麻3大勺、炒过的黄豆面（或炒面）3大勺

糖浆

白糖 $^1/_2$ 杯（75 g）、水 $^1/_2$ 杯（100 mL）

1

2

3

4

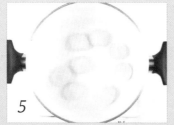
5

6

制作方法

1. 取出柚子酵素汁里的柚子果肉剁碎,再放回去。将枣去核,切成细丝。

2. 将糯米粉和炒过的盐放到盆中,缓缓倒入热水,揉成柔软的面团。
★可根据面团的软硬适当调节水量。

3. 将制作糖浆的原料放到锅中,大火煮沸,待边缘起泡后,再煮1分30秒,关火。

4. 将面团分成9等份(每份约20 g),团成球,

压成饼状。在面饼中央放1小勺柚子酵素汁,包起来,再团成直径2 cm的球。
★用湿棉布盖住糯米团,防止糯米团变干。

5. 往锅中倒水(5杯),大火煮沸,放入糯米团。待糯米团浮起后,再煮1分钟,捞出沥干。将糯米团放到糖浆中,均匀地裹上一层糖浆,捞出沥干。

6. 在糯米团外面分别裹上炒黑芝麻、切成细丝的枣和炒过的黄豆面。

※ 独家秘诀

制作糯米团时,可以用8大勺泡过五味子(或栀子)的水或用4大勺热水 + 4大勺泡过五味子(或栀子)的水代替8大勺热水,这样能制作出味道独特的糯米团。

柿子
豆沙包

柿子豆沙包既有柿子的清香，也有豆沙的甜味。若面团发酵时间过长，其表面会变得凹凸不平，因此要注意发酵的时间。

原料

（1个柿子豆沙包的热量 = 285 kcal）

熟柿子1个（140 g，压碎过筛后110 g）、红豆沙320 g、高筋面粉60 g、低筋面粉240 g、酵母6 g、白糖30 g、炒过的盐（或竹盐）4 g、泡打粉5 g、水65 mL、熔化的黄油（或食用油）14 g、面粉1小勺（防粘用）

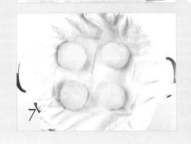

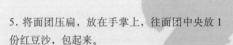

制作方法

1. 将红豆沙分成 8 等份，团成球。将柿子去蒂、去皮，压碎后过筛。将黄油放在碗里，用微波炉加热 30 秒。

2. 将两种面粉分别过筛，和酵母、白糖、炒过的盐、泡打粉、水一起放到盆中，放入压碎过筛后的柿子，用手揉 2~3 分钟，揉成面团。
★可根据面团的软硬适当调节水量。

3. 往面团中加熔化的黄油，揉 10~15 分钟，至面团表面变得光滑。

4. 将面团分成 8 等份（每份 65 g），团成球。在烤盘里铺上油纸，撒面粉防粘，放上面团，用湿棉布盖住，在室温下静置 10 分钟进行第 1 次发酵。

5. 将面团压扁，放在手掌上，往面团中央放 1 份红豆沙，包起来。

6. 将豆沙包放到步骤 4 中铺油纸的烤盘中，用湿棉布盖住。另取一更大的烤盘，倒入热水（3 杯），将放有豆沙包的烤盘放在水面上，静置 25 分钟，进行第 2 次发酵。另取 1 张油纸，剪成多个边长 8 cm 的正方形。

7. 往蒸锅里加水，煮沸，将笼布打湿铺在蒸笼里，放入剪好的正方形油纸，1 张油纸上放 1 个豆沙包，蒸 15 分钟。
★豆沙包在蒸的时候体积会变大，往蒸锅里放豆沙包时要留出一定的间隔。

豆糕

你可以根据自己的喜好用各种豆子制作好吃的豆糕。制作时最好使用新鲜的豆子。

根糕

松软的根糕吃起来别有风味。

豆糕

原料

（2~3 人份，1 人份的热量 = 285 kcal）

豆子（芸豆、豌豆、扁豆、刀豆等）500 g、白糖1大勺、粘米粉 $^1/_2$ 杯（65 g）、糯米粉 $^1/_2$ 杯（65 g）、炒 过的盐（或竹盐）$^1/_2$ 小勺、水2大勺

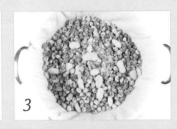

制作方法

1. 将豆子洗净，沥干。

2. 将粘米粉和糯米粉分别过筛，和白糖、炒过的盐一起放到盆中，加水，拌匀。放入豆子，拌匀。

3. 往蒸锅里加水，煮沸，将笼布打湿铺在蒸笼里，放入步骤 2 中拌匀的原料，摊开，大火蒸 15 分钟。

根糕

原料

（2~3 人份，1 人份的热量 = 444 kcal）

红薯 $^1/_3$ 个（75 g）、南瓜75 g、甜菜20 g（可选）、栗子仁7个（70 g）、艾蒿 $^1/_2$ 把（30 g）、粘米粉 1 杯（130 g）、糯米粉1杯（130 g）、白糖2大勺、炒过的盐（或竹盐）少许、水4大勺、炒过的黄豆面1大勺（可选）

制作方法

1. 将红薯和甜菜洗净。将南瓜洗净去皮去瓤。将红薯、南瓜、甜菜和栗子仁切成 1.5 cm 见方的块。去掉艾蒿较硬的茎，将艾蒿洗净，沥干。

2. 将粘米粉和糯米粉分别过筛，和白糖、炒过的盐一起放到盆中，加水，拌匀，以防结块。

放入红薯、南瓜、甜菜、栗子仁和艾蒿，拌匀。

3. 往蒸锅里加水，煮沸，将笼布打湿铺在蒸笼里，放入步骤 2 中拌匀的原料，摊开，大火蒸 15 分钟。装盘，撒上炒过的黄豆面。

柠檬甜汁

将柠檬的果肉挖出来，和枣、栗子仁混合，放到柠檬皮中，用绳子捆紧，再用糖水腌 15 天，柠檬甜汁就做好了。柠檬甜汁加热后或冷藏后食用均可，腌的时间长一点儿味道更好。

原料

（2~3 人份，1 人份的热量 = 666 kcal）

柠檬 3 颗、枣 7 颗、栗子仁 6 个（60 g）、白糖 $2\frac{1}{4}$ 杯（450 g）、水 $2\frac{1}{2}$ 杯（500 mL）、小苏打（或盐）少许（清洗柠檬皮用）

1

2

3

4

5

6

制作方法

1. 将枣去核，切成细丝。将栗子仁切成条。

2. 将柠檬用小苏打（或盐）揉搓，放到沸水中焯30秒，切成6瓣，底部留1 cm左右不要切开。

3. 挖出柠檬的果肉。

4. 将柠檬果肉切成一口大小，和枣、栗子仁一

起放到盆中，拌匀，做成馅料。

5. 将馅料放到柠檬皮中，用绳子捆紧，以防馅料漏出。

6. 将步骤5中处理好的原料、白糖和水装入容器，密封，在室温下静置15天。捞出柠檬，竖着对半切开，浇上容器中的糖水。

梨水正果

柿饼富含维生素C，可以预防感冒。生姜可以暖身。在用柿饼、生姜和桂皮制作的水正果中再加几片梨，味道令人叫绝。

南瓜甜米露

用富含膳食纤维、矿物质和维生素C的南瓜制作的甜米露，男女老幼都爱吃。

梨水正果

原料

（5~6 人份，1 人份的热量 = 177 kcal）

梨$\frac{1}{2}$个（250 g）、生姜1块（50 g）、桂皮1块（50 g）、

水15杯（3 L）、红糖1杯（150 g）、柿饼5个（可选）

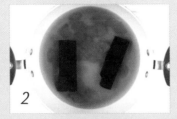

制作方法

1. 将梨洗净去皮，切成6~8等份。将生姜洗净去皮，切片。将桂皮用流水洗净。

2. 将生姜、桂皮和水放到锅中，中火煮45分钟

后放入红糖，煮5分钟，捞出生姜和桂皮。

3. 放入梨，中火煮10分钟左右，晾凉，盛到碗中。将柿饼去蒂，也放到碗中。

南瓜甜米露

原料

（5~6 人份，1 人份的热量 = 111 kcal）

南瓜$\frac{1}{4}$个（250 g）、生姜1块（30 g）、水7$\frac{1}{2}$杯

（1.5 L）、大麦芽$\frac{3}{4}$杯（60 g）、红糖（或白砂糖）$\frac{2}{3}$杯（100 g）

制作方法

1. 将南瓜洗净去皮去瓤，切成2 cm厚的片，用蒸锅蒸15分钟，压成泥。将生姜洗净去皮，切片。

2. 将大麦芽和水放到盆中，用手揉搓5分钟，捞出沥干。将清洗大麦芽的水静置20分钟，待

杂质沉淀。

3. 将步骤2中沉淀后的无杂质的水、生姜和南瓜放到锅中，中火煮30分钟，再放入红糖煮3分钟。盛出放入冰箱冷藏后饮用。

채식이 맛있어지는 우리집 사찰음식 © 2013 by Recipe Factory

First published in Korea in 2013 by Recipe Factory

Through Shinwon Agency Co., Seoul

The Simplified Chinese translation rights © 2021 by Beijing Science and Technology Publishing Co., Ltd.

著作权合同登记号 图字：01-2015-4020

图书在版编目（CIP）数据

原汁原味　静心素食 /（韩）郑宰德著；韩晓，于意涵译 . —北京：北京科学技术出版社，2021.8（2024.7重印）
ISBN 978-7-5714-1169-5

Ⅰ.①原… Ⅱ.①郑… ②韩… ③于… Ⅲ.①素菜－菜谱 Ⅳ.① TS972.123

中国版本图书馆 CIP 数据核字（2020）第 201888 号

策划编辑：崔晓燕
责任编辑：付改兰
责任印制：张　良
图文制作：源画设计
出　版　人：曾庆宇
出版发行：北京科学技术出版社
社　　　址：北京西直门南大街 16 号
邮政编码：100035
电话传真：0086-10-66135495（总编室）0086-10-66113227（发行部）
网　　　址：www.bkydw.cn
印　　　刷：北京宝隆世纪印刷有限公司
开　　　本：720 mm × 1000 mm　1/16
字　　　数：200 千字
印　　　张：16
版　　　次：2021 年 8 月第 1 版
印　　　次：2024 年 7 月第 2 次印刷
ISBN 978-7-5714-1169-5

定　　价：79.00 元

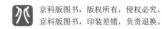